지나치지 않게 자연스럽게
부모가 시작하는 내 아이 성교육

김진이

홍익대학교 미술대학에서 동양화를 공부했습니다. 은은하고 멋스러운 아름다움을 담아내는 화가입니다. 그린 책으로는 《홍길동전》《허생전과 열하일기》《초대받은 아이들》《충견 하치 이야기》《매호의 옷감》《오래된 꿈》 등이 있습니다.

지나치지 않게 자연스럽게
부모가 시작하는 내 아이 성교육

1판 1쇄 발행 2007년 2월 15일
개정판 1쇄 발행 2023년 12월 1일

지은이 백경임
그린이 김진이
펴낸이 김성구

책임편집 이은주
콘텐츠본부 고혁 조은아 김초록 김지용
디자인 이영민
마케팅부 송영우 어찬 김지희 김하은
관리 김지원 안웅기

펴낸곳 (주)샘터사
등록 2001년 10월 15일 제1-2923호
주소 서울시 종로구 창경궁로35길 26 2층 (03076)
전화 1877-8941 | 팩스 02-3672-1873
이메일 book@isamtoh.com | 홈페이지 www.isamtoh.com

ISBN 978-89-464-2260-5 13590

• 값은 뒤표지에 있습니다.
• 잘못 만들어진 책은 구입처에서 교환해 드립니다.

샘터 1% 나눔실천

샘터는 모든 책 인세의 1%를 '샘물통장' 기금으로 조성하여 매년 소외된 이웃에게
기부하고 있습니다. 2022년까지 약 1억 원을 기부하였으며, 앞으로도 샘터는
책을 통해 1% 나눔실천을 계속할 것입니다.

지나치지 않게
자연스럽게

부모가 시작하는 내 아이 성교육

백경임 지음 · 김진이 그림

샘터

개정판을 내며

아이를 키울 때 어려운 점이 많지만, 특히 성교육을 어렵게 생각하는 부모들이 많습니다. '성교육'이라는 단어만 들어도 어떻게 해야 할지 고민이 많다고 합니다. 하지만 성교육은 다름 아닌 생명을 사랑하고 타인을 존중하는 태도를 몸에 익히는 것입니다. 성교육의 핵심은 다른 생명을 진심으로 사랑하는 것이 자신의 행복임을 아는 것입니다. 그래서 크게 보면 성교육은 애정 교육이고 인격 교육입니다.

지금 우리 사회는 자극적인 성정보의 무차별적 노출로 사랑의 가치관을 올바르게 내면화하기 어려운 것이 현실입니다. 따라서 부모 역시 자녀에게 성교육이 필요함을 알지만, 다차원적인 성문화 속에서 어떻게 자녀 성교육에 접근해야 할지 어려워하는 분들이 적지 않습니다.

이 책은 성교육을 힘겨워하는 부모들을 돕고자 쓰였습니다. 교육을 한다는 것은 부모가 상황을 바로 알고 대처할 능력이 있어야 가능합니다. 자녀의 성장 과정을 알고 심리를 이해하여 자녀와 성 문제에 관해 대화할 수 있는 자신감을 드리고 싶었습니다.

이 책의 특징은 다음 몇 가지로 요약할 수 있습니다.

첫째, 아기 때부터의 성교육을 다룬 점입니다. 갓 태어난 아기에게 사랑을 전달하는 방법부터 영아기, 유아기, 학동기, 청소년기까지 그 발달 단계에 따라 필요한 성교육과 그 시기에 맞는 바람직한 부모의 태도에 초점을 맞추었습니다. 이 점은 자녀의 연령에 따라 해당 부분을 읽고 활용할 수 있는 편리함이 있을 것입니다.

둘째, 각 성장 단계마다 자녀가 갖는 의문과 그에 따른 적절한 부모의 응답을 Q&A로 다루고 상담 사례를 활용하여 자녀의 성적 발달 단계에 대한 구체적인 이해를 돕고자 했습니다. 이 점은 자녀의 성적 발달 수준 파악을 돕고, 자녀와의 대화 시 실제적인 적용에 도움이 될 것입니다.

셋째, 요즘 우리 아이들은 디지털 네이티브digital native 세대인 만큼, 그에 맞는 성교육 내용을 구성해 보았습니다. 개정판을 내면서 새롭게 보충된 부분으로 '디지털 성폭력', '디지털 리터러시 digital literacy 교육' '성인지감수성' '성적자기결정권' 등의 용어로 요즘 시대에 맞는 성문화를 조명했습니다.

넷째, 가급적 최근 자료와 논문을 참고하였고 그 출처를 밝혔습니다. 이 점은 보다 깊이 있게 내용을 확인할 필요가 있는 부모나 성교육용 참고 자료로 활용하기를 원하는 분들에게 도움이 될 것입니다.

이 책을 통해 자녀 교육에 대한 소신을 갖기 힘든 부모님들이 힘을 얻고 당당하게 자녀와 성을 주제로 대화하고, 그래서 자녀가 행복할 수 있다면 큰 보람으로 여기겠습니다.

그동안 이 책에 대한 독자들의 꾸준한 사랑에 감사해 왔었는데, 내용을 보강해 산뜻하게 단장하고 새롭게 독자를 마주하게 되어 참으로 고맙고 기대가 됩니다. 이 책이 전하고자 하는 따뜻한 사랑의 마음을 아름답고 격조 있게 표현해 준 김진이 화백님의 그림이 이번에도 함께하니 기쁘고 감사합니다. 개정판의 마음을 내어 주시고 섬세하게 잘 챙겨 주신 샘터사 콘텐츠본부 여러분께도 감사한 마음 전합니다.

2023년 11월 청담동에서

백경임

차례

개정판을 내며 … 5

1

이성과 행복을 나누는 아이로 키우기 위하여

자녀의 성교육은 태어나는 그 순간부터 시작됩니다 … 14

부모가 가장 좋은 성교육 교사 … 18

성교육이 꼭 필요할까? … 22

성교육, 내용보다 태도가 우선이다

믿을 수 있는 부모가 되자 … 32

살아 있는 모든 것에서 배운다 … 38

아이 수준에 맞게 대답하기 … 43

성교육, 지나치면 좋지 않다 … 48

묻지 않는 아이에게 더 관심을 가져 보자 … 53

양성성의 자녀로 키우자 … 58

대화 습관이 있어야 성교육도 가능하다 … 63

3

흡족하고 풍요롭게

영아기(0~2세) 성교육

아기에게 최고의 선물은 스킨십 … 72

젖먹이는 방식이 아이의 성격을 바꾼다 … 78

대소변 훈련에 과민해하지 말자 … 86

4

관심은 충분히, 간섭은 적절히

유아기(3~6세) 성교육

손장난은 해로운가? … 94

동생이 생기면 무슨 일이 생길까? … 99

아이를 혼자 재워도 될까? … 103

아이의 성적 놀이를 어떻게 할까? … 108

부모의 나체를 보여도 괜찮을까? … 114

유아기 성폭력 예방을 위하여 … 118

상담해 주세요

· 유아의 자위행위 … 124

궁금해요

· 유아기에 흔히 하는 질문들 … 128

5

지나치지 않게 자연스럽게

학동기(7~12세) 성교육

관심이 있으니까 모른 척한다 … 136

구체적인 성교육은 이렇게 하자 … 142

아이의 제2차 성징을 어떻게 대할까? … 150

월경을 시작했어요 … 155

사정은 자연스러운 일이다 … 161

이성 친구가 좋아요 … 164

학동기 성폭력 예방을 위하여 … 172

학동기 디지털 성폭력 예방을 위하여 … 181

상담해 주세요

· 초등학생 성추행 … 187

궁금해요

· 학동기 자녀들이 궁금해하는 질문들 … 192

6

규제와 허용 사이에서 균형 있게

청소년기(13~18세) 성교육

사춘기는 어떻게 오는가 … 214

과학적인 성교육도 필요하다 … 221

이성 교제는 제대로 당당하게 하자 … 230

음란물, 방치하면 안 되지요 … 236

자위행위를 해도 되나요? … 242

청소년기 성폭력 예방을 위하여 … 245

청소년기 디지털 성폭력 예방을 위하여 … 254

상담해 주세요

· 중학생의 자위와 음란 사이트 시청 … 264

· 고등학생의 임신 … 267

성과 사랑에 대하여

사랑의 종류와 가치 … 272

사랑은 무엇으로 이루어졌는가? … 281

1

이성과 행복을 나누는 아이로 키우기 위하여

성교육은 성에 대한 지식 전달에 그치지 않고 성에 대한 태도의 함양을 포함해야 합니다. 남녀가 결합해 이루는 가정생활, 남녀 양성이 어우러져 이루는 사회생활의 여러 가지 측면들을 자연스럽게 가르쳐야 합니다. 생리 활동과 사회생활을 균형 있고 원만하게 해 나갈 수 있는 사람으로 키워 내는 것이 성교육의 궁극적인 목적입니다.

결국 성교육의 목적은 개인의 성적 성장 발육을 돕고 그 성적 성숙이 사회의 윤리에 부합해 원만한 인격을 갖게 하며, 자연적이고 사회적이고 실존적인 존재로서의 한 개인을 온전하게 성숙시키는 데 있습니다.

자녀의 성교육은 태어나는 그 순간부터 시작됩니다

성性을 떼어 놓고는 인간의 삶을 생각할 수 없습니다

성인이 되면 마음에 맞는 이성을 만나 사랑을 나누며 함께 사는 경우가 대부분입니다. 남성과 여성이 서로 사랑하는 모습은 참으로 아름다우며, 대부분 인간은 이를 추구하며 살고 있습니다. 이 성과의 관계가 만족스러우면 행복과 기쁨을 느끼며 생활하지만, 그렇지 못할 때는 불안이 생활을 지배합니다.

그러면 성인 남녀와 그들의 자녀로 구성된 가족 안에서 자녀들이 자라서 이성과 더불어 행복하고 신뢰로운 삶을 누릴 수 있도록, 부모가 가르치고 신경 써야 할 것은 무엇일까요?

'섹스'라는 말만 들어도 남녀의 벗은 몸부터 떠올리며 얼굴을 붉히는 사람들이 적지 않습니다. 또 많은 사람이 성교육을 성에 관한 지식 전달이라고 생각합니다. 이런 생각들은 모두 심각한 오해에서 비롯된 것입니다. 물론 남성과 여성에 대한 해부학적 지식이나 성 행위에 대한 가르침이 성교육에 반드시 포함되어야 할 내용이기는 합니다. 그러나 이것만으로는 좁은 의미의 성교육이 되고 맙니다.

성교육은 성에 대한 지식 전달에 그치지 않고 성에 대한 태도의 함양을 포함해야 합니다. 남녀가 결합해 이루는 가정생활, 남녀 양성이 어우러져 이루는 사회생활의 여러 가지 측면들을 자연스럽게 가르쳐야 합니다. 생리 활동과 사회생활을 균형 있고 원만하게 해 나갈 수 있는 사람으로 키워 내는 것이 성교육의 궁극적인 목적입니다.

원초적인 남녀 관계는 생리적으로 육체의 결합이 필요합니다. 남녀가 관계를 맺어야만 인류의 미래가 보장되니, 인류가 존재하는 한 성도 영원히 함께할 것입니다. 그러므로 성교육은 남녀의 애정 교육이며 인격 교육입니다.

먼저, 생명을 사랑하고 다른 사람을 소중한 존재로 존중하는 인간 교육부터 시작해야 합니다. 그러기 위해서는 부부가 서로 존중하고 사랑하며 사는 모습을 보여 주면서 자녀에게 애정 어린 관심을 보여 주는 일이 필요합니다. 이렇게 해서 인간 존재와 삶에 대해 긍정적인 태도와 사랑을 갖게 하는 일이 중요합니다.

결국 성교육의 목적은 개인의 성적 성장 발육을 돕고 그 성적 성숙이 사회의 윤리에 부합해 원만한 인격을 갖게 하며, 자연적이고 사회적이고 실존적인 존재로서의 한 개인을 온전하게 성숙시키는 데 있습니다.

탄생의 순간부터 성교육은 시작된다

자녀의 성교육은 태어나는 그 순간부터 시작됩니다. 왜냐하면 갓난아기가 제일 먼저 신체적으로 접촉하게 되는 가족을 통해서 사랑을 느끼고 배우기 때문입니다. 엄마가 아기를 포근하게 껴안아 줄 때 그 따뜻한 체온에서 사랑을 느끼고, 이 느낌을 통해 아기는 자신이 소중한 존재라고 인식하게 되며, 이를 통해 '자기 긍정'의 확신을 얻게 됩니다. 이렇게 아기에게 주어지는 관심의 손길을 통해 성교육은 이루어집니다.

그러므로 아기가 부모에게 사랑스럽고 필요한 존재임을 느낄 수 있도록 갓난아기 때부터 성심껏 사랑으로 돌보아 기르는 것이 성교육의 첫걸음입니다.

탄생의 고통이 지나간 뒤에는, 기저귀를 갈아 줄 때 무릎을 눌러 다리를 쭉쭉 펴 주는 엄마 손의 감촉과 젖을 물려 주는 체온을 통해서, 아기를 보고 사랑스러워하는 아빠의 눈길과 얼러 주고 다독거려 주는 할머니의 손길을 통해서, '사랑의 성교육'은 그 기초가 다듬어지는 것입니다.

tip

'성性, sex'이란 말의 어원은 라틴어의 '세코seco, 절단'와 '섹스투스sextus, 제6의'입니다. 세코라는 어원에서는 성교육이 '분리된' 남성과 여성의 서로 다른 특성을 가르치고 배우는 것임을 알 수 있습니다. 그리고 섹스투스의 어원인 6계명(모세의 십계명 중) '간음하지 말라'에서는 성교육이 남녀의 윤리적 관계에 대한 교육임을 알 수 있습니다. 이처럼 성교육은 어원에서부터 성의 생리와 함께 성도덕, 그리고 양성 상호관계에 대한 교육을 포함하고 있습니다. 요즘은 이러한 성의 사회성을 강조해 섹스sex에서 젠더gender를 구분하기도 합니다.

부모가 가장 좋은 성교육 교사

성교육은 학교에서 생물이나 가정 시간에 가르치면 되는 것으로 생각하는 사람들이 많습니다. 이는 정말 잘못된 생각입니다. 수업 시간에 배우는 것도 당연하지만, 학교에 입학하기 전이라도 아이가 "아기는 어디서 와?" 하고 물으면 부모나 삼촌, 할머니 혹은 그 누구라도 적절한 대답을 해 줘야 합니다. 성에 대한 지식 전달은 가정에서 시작하는 것이 맞습니다. 따라서 아이의 주변 사람 모두가 성교육 교사가 될 수 있고, 되어야 합니다. 또 각자 '내가 아이의 성에 영향을 미치고 있다'는 자각도 해야 합니다.

사랑의 원형은 부모에게서 나온다

성교육에 결정적인 역할을 하는 사람은 아무래도 부모입니다. 자녀의 질문에 대답하고 주체적으로 교육해야 하는 것은 부모가 할 일입니다. 일상적으로, 엄마 아빠의 가정생활을 통해서 아이들은 각자의 성 역할을 배우기 때문입니다. 엄마의 역할을 통해 '여성'이라는 개념의 기초가, 아빠의 역할을 통해 '남성'이라는 개념의 기초가 형성됩니다.

아빠가 엄마를 무시하거나 엄마가 아빠를 무시하는 가정이라면 아이도 그러한 태도와 생각을 배울 수밖에 없습니다. 엄마가 인간적인 대접을 받지 못할 때 아이는 엄마를, 나아가서는 여성 전체를 무시하게 됩니다. "여자가 뭘 안다고!" 호통치는 아빠의 한마디 말이 또는 "남자들이란 어쩔 수 없어!" 하는 엄마의 한마디가 아이 마음에 뿌리를 내려 남녀 차별의 싹이 틉니다. '그 부모에 그 자녀'라는 우리 옛말은 오늘날에도 유효합니다.

우리나라는 대체로 아버지의 권위적인 태도가 문제 되어 왔습니다. 그러나 다행히 요즈음 연구•에서는 아버지의 역할이 권위적

• 〈유아용 그림책에 나타난 아버지 역할 분석 연구〉, 송지은·배선영, 어린이문학교육연구, 제18권 3호, 2017

인 가부장의 역할에서 벗어나 '놀이 상대' '격려하는 다정한 친구' 같은 정서적 역할을 수행하는 쪽으로 변화되어 가고 있음이 확인됩니다. 이상적인 아버지 역할이 무엇이든지 다 해결해 내는 가부장적 역할에서 보다 양성평등적이고 자녀 양육에 참여하여 애정을 표현하는 현실적이고 인간적인 모습으로 변화한다고 합니다. 아버지의 양육 참여는 양성 간 불평등을 완화시키는 중요한 한국 가족 정책의 과제로 제시•되는 만큼 다행스런 아버지 역할의 변화라 하겠습니다.

남편과 아내가 서로 존중하고 사랑하는 모습을 보여 주는 것이 성교육의 핵심적인 내용입니다. 또 자기 자신을 포함해 다른 사람을 사랑하고 타인에게 사랑받는 자녀로 키우기 위해서는, 먼저 부모가 자녀에게 충분한 사랑을 주어야 합니다.

넉넉한 사랑을 받은 아이는 엄마 아빠와 형제를 사랑하고, 친구와 선생님을 사랑하고, 드디어 이성을 사랑해서 결혼하면 역시 자신의 아이를 사랑하게 됩니다. 그렇지만 사랑받지 못하고 자란 아이가 타인을 제대로 사랑하는 방법을 알기는 어렵습니다.

이렇게 볼 때, 사랑의 성교육은 가정에서 자연스럽게 이루어

• 〈사회구조적 친밀성의 변화에 따른 가족역할 변동과 그에 따른 가족 의사소통을 위한 부모교육의 필요성 연구〉, 윤영경, 놀이치료연구, Vol.27 No.1, 2023

지는 것이 가장 이상적입니다. 다만 아이의 성장에 따라 인간관계가 점점 다양해지고 그 폭이 깊어지는 것이니만큼 학교나 사회가 가정에서의 성교육의 기반 위에 성장 단계에 따른 성 지식, 성 의식, 성 태도 등 심화된 성교육을 담당해야 합니다.

성교육이 꼭 필요할까?

갓 태어난 수캉아지를 바로 한 마리만 격리해 키우고 그 개가 교미할 때가 되었을 때 암컷과 함께 있게 했더니 본능적으로 교미를 할 수 있었다고 합니다. 그러나 침팬지의 수컷에게 똑같은 실험을 했더니 개의 경우와는 달리 만족스러운 성행위를 하지 못했다고 합니다.

미국 위스콘신대학교 해리 할로Harry Harlow 박사는 실험을 통해 우리에게 많은 것을 가르쳐 줍니다.

그는 새끼 원숭이 한 마리를 자연스럽게 어미 품에서 자라게

했고, 다른 한 마리는 인공적인 실험실에서 키웠습니다. 실험실에는 대용품 어미 원숭이 두 마리를 만들어 나란히 세웠는데, 하나는 철사를 그대로 노출해 놓았고 하나는 수건으로 부드럽게 철사를 감싸 놓았습니다. 이때 원숭이는 한결같이 '수건 엄마'에게만 기대고 의지하며 생활했다고 합니다. 다음에는 '철사 엄마' 가슴에 우유병을 매달아 주었더니, 원숭이는 '수건 엄마'에게로 기어 올라가 앞발만 '철사 엄마'에게 걸치고는 젖을 빨아 먹은 다음 다시 '수건 엄마' 밑에 와서 의지하고 쉬는 생활을 계속했습니다.

이 사례는, 젖을 가진 '철사 엄마'보다 부드러운 촉감을 가진 '수건 엄마'가 새끼 원숭이에게는 훨씬 매력이 있다는 증거입니다. 포유동물이 출생 후 가장 필요로 하는 것은 역시 먹이 이상으로 어미의 스킨십skinship라는 점을 일깨워 주는 실험입니다.

더욱 놀라운 일은, 몇 달 뒤 두 마리의 새끼 원숭이를 다른 친구 집단에 넣어 보았더니 어미 품에서 자란 원숭이는 다른 친구들에게 쉽게 접근하는 데 반해, 실험실에서 키운 원숭이는 한쪽 구석으로 피하기만 하고 친구를 제대로 사귀지 못했다는 사실입니다. 그리고 커서도 자기 배필에게 무관심하고 교미도 할 줄 모르는 둔감한 원숭이가 되고 말았다고 합니다.

성행위는 정말 본능일까?

그러면, 인간의 경우는 어떠할까요? 인간을 대상으로 인위적인 실험을 해 볼 수는 없지만, 야생아를 통해 우리는 흥미로운 사실을 알게 됩니다. '야생아'란 우연히 인간 사회와 떨어져 동물들 틈에서 자라나 보통 인간과는 아주 다른 습관을 몸에 지니게 된 어린 아이를 말합니다.

4~5세에서 12세까지 야생 생활을 한 것으로 추정되는 '아베롱의 야생아'는 인간 사회로 되돌아온 뒤에도 음식을 먹는 방법이 다람쥐나 토끼와 흡사해서 양손으로 음식을 움켜쥐고 냄새를 맡으며 앞니로 썰어 먹었습니다. 발성 또한 사람의 음성이나 언어라고 보기는 힘들었다고 합니다. 체계적인 교육에도 불구하고, 그는 사회생활에서 잡역 정도가 가능할 뿐 대인 관계에서는 끝내 친교를 맺지 못했습니다.

개·원숭이·야생아의 경우에서 알 수 있듯이, 고등동물로 올라갈수록 성적 적응은 환경의 영향을 많이 받습니다. 성 의식이 뇌의 발달과 깊은 관계가 있기 때문입니다.

성욕의 일차적 중추는 뇌의 시상하부視床下部를 중심으로 하는 대뇌변연계大腦邊緣系에 존재합니다. 모든 포유동물이 다 같지만 사람

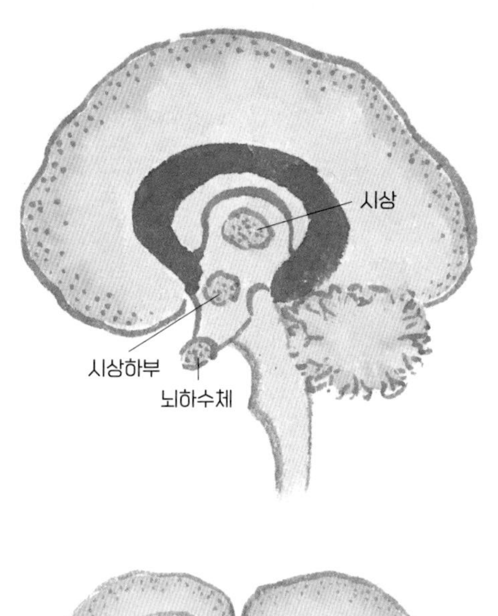

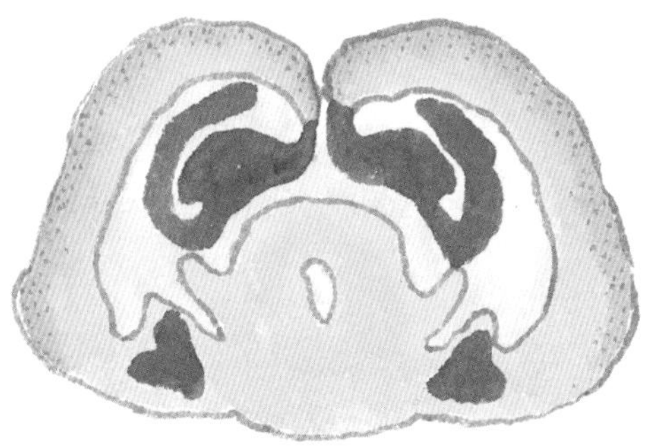

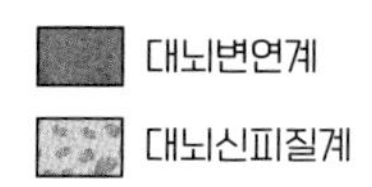

뇌의 구조

에게는 그 위에 굉장히 발달한 대뇌신피질계大腦新皮質系가 있습니다.

이 대뇌신피질은 신경계 가운데 가장 최근에 진화되었고, 인간의 뇌 전체 무게 가운데 80%를 차지할 정도로 가장 발달한 부위입니다. 시상하부는 동기 및 정서 반응을, 대뇌변연계는 본능적 행동을, 대뇌신피질계는 지성적 행동을 지배하고 있습니다. 그러므로 위와 같은 일련의 실험들은 대뇌신피질계가 발달해 감에 따라 대뇌변연계에서 기능하던 본능적 행동이 점차 상위 중추로 이행한다는 것을 보여 주는 예가 됩니다.

따라서 대뇌신피질이 고도로 발달한 인간의 성 행동은 본능적이고 고정적인 동물의 성 행동보다 훨씬 진화된 형태로서, 타고 난 인격과 결합해 그 시대의 문화 속에서 완성돼 갑니다. 즉, 인간의 성 의식과 성행위는 충동적이라기보다는 의식적으로 행해지는 측면이 많습니다. 에리히 프롬이 사랑을 '의지이며 기술'이라고 한 것도 인간이기 때문에 가능한 이야기입니다.

인간의 성性은 왜 그렇게 다른가

인간의 성만이 가진 세 가지 특징이 있습니다. 인간의 성이 대뇌신피질계의 발달로 가소성可塑性을 갖는다는 것이 첫 번째 특징입니다. 가소성이란 진흙이나 밀가루 반죽의 성질처럼 압력을 가하면 부서지지 않고 모양이 바뀌지만, 그 압력을 제거해도 원래의 모양으로 돌아가지 않는 성질을 말합니다. 사람의 성 의식과 성 행동에 가소성이 있다는 것은, 담는 그릇에 따라 젤리의 형태가 달라지듯 경험과 훈련에 따라 성 의식과 성 행동이 달라진다는 의미입니다. 성교육도 이 가소성이 있기 때문에 기대할 수 있는 것입니다.

이러한 성의 가소성이 성의 다차원성을 낳습니다. 성에 대한 다양한 가치관과 태도가 다차원성입니다. 오늘날 우리 사회만 보더라도, 오로지 출산을 목적으로 하는 성생활이 있는가 하면, 피임하면서 쾌락 추구에 목적을 두는 성생활이 있고, 극단적으로는 돈벌이를 위한 성생활도 있습니다. 이처럼 성에 대한 가치관과 태도가 천태만상으로 펼쳐지는 사회일수록 건강하고 적극적인 성교육이 필요합니다.

마지막으로 사회성입니다. 여러 신체 기관 중에서 생식기를 뺀 기관은 모두 개체 유지를 위한 것입니다. 그러나 생식 기관은 이성과 접촉하기를 원하고, 그 속에 또 다른 생명이 깃드는 것을 목적으로 삼습니다.

따라서 생식 기관은 처음부터 사회성을 내포하고 있으며, 인간은 동물과 달리 성관계의 사회성을 인지하고 의도적으로 행동한다고 볼 수 있습니다. 이처럼 심리적 측면에서 성과 사랑이 연결되어 있고, 사회적 측면에서 부부 관계와 친자 관계, 즉 가족 관계와 가정의 기능이 필연적으로 결부되어 있으며, 도덕과 사회 제도가 뗄 수 없는 관계를 맺습니다.

2

성교육,
내용보다
태도가
우선이다

아이들은 아주 어릴 때부터 성에 대한 호기심이 싹트기 시작해 자라면서 계속 질문을 하게 됩니다. 이때 가장 바람직한 태도는 자녀가 마음 놓고 질문할 수 있는 미더운 부모가 되는 것입니다.
부모의 거짓말에 일시적으로 넘어갔다고 해도 보통은 친구들과 대화하면서 들통이 나고 맙니다. 이때 아이는 '부모를 믿을 수 없다'는 실망감과 함께 소속 집단에서 소외되는 기분까지 맛보게 됩니다. 그런 일이 있다면 아이가 어떻게 부모를 믿고 다시 물어볼 수가 있겠습니까? 신뢰할 수 있는 부모에게서 바른 대답을 듣고 자란 아이가 바른 성인으로 자랍니다.

믿을 수 있는 부모가 되자

아이가 성과 관련된 질문을 했을 때

당황하지 않고 적절하게 대답하는 일은 쉽지 않습니다. 초등학생 아들이 텔레비전 광고에서 머리카락을 날리며 뛰어가는 여인의 모습을 보고는, “엄마! 난 저런 걸 보면 고추가 딱딱해지는데 왜 그렇지?” 하고 물었을 때 대부분의 엄마는 당황하여 겨우 “글쎄……”라는 말만 한다고 합니다.

앞에서도 언급했듯이 주위 사람들 모두 아이의 성 의식에 영향을 줄 수 있지만, 성교육의 주체는 부모입니다. 그런데 성에 대한 올바른 지식과 건전한 태도를 갖춘 부모가 얼마나 될까요? 부모들 자신이 성교육에 대한 재교육이 필요하다며 많은 질문을 해 오고 있는 것이 현실입니다.

최근 연구를 종합해 보면 청소년들이 성에 대한 지식이나 태도를 습득하는 곳은 가정이나 학교가 아니라 인터넷 음란물을 통한 경우가 압도적으로 많습니다. 이런 경로를 통해 정확하지도 않고 과장된 구전 정보를 습득합니다.• 결손 가정에서만 자녀를 무관심하게 방임하고 성교육에 대해 무능력한 것이 아닙니다. 부모가 있는 아이들의 탈선도 점점 증가하고 있어서 자녀의 성교육을 위해서는 부모의 올바른 태도가 확립되어 있어야 합니다.

회피하거나 거짓말하지 않아야 한다

아이들은 아주 어릴 때부터 성에 대한 호기심이 싹트기 시작

• 〈청소년의 음란물 몰입에 영향을 미치는 심리사회적 위험요인과 보호요인〉, 안준형·김진영, 학습자중심교과교육연구 제22권 24호, 2022

해 자라면서 계속 질문을 하게 됩니다. 이때 바람직한 태도는 자녀가 마음 놓고 질문할 수 있는 미더운 부모가 되는 것입니다. 어떤 질문을 해도 부모가 야단을 치거나 말문을 막거나 거짓말을 해서는 안 됩니다. 엄마 아빠가 바른 대답을 해 줄 것이라 믿고, 또 야단치지 않을 것이라고 믿어야 솔직한 질문이 나오기 때문입니다.

어린이집에 다니는 아이가 엄마에게 "아기는 어디서 와?"라고 질문했을 때 한 엄마는 당황해서 "크면 다 알아! 별걸 다 묻는구나"라고만 대답했답니다. 그리고 '이제부터 부부간에도 좀 더 조심해야겠다'라고 느꼈답니다. 다른 엄마도 그 질문에 깜짝 놀라 '분명 조숙한 친구에게서 무슨 소리를 들은 것이로구나' 생각하고는 "이제부터 그런 못된 말 하면 혼난다. 그리고 아무개 형하고는 놀지 말아라"라고 타일렀다고 합니다.

부모가 대답을 회피하면 아이들은 '성에 관한 문제에는 비밀이 있어서, 그런 질문은 어른들을 불편하게 한다'는 것을 눈치로 알게 됩니다. 이렇게 인식하면 호기심은 더욱 커집니다. 호기심은 더 커졌지만 다음부터는 묻지 않을지도 모릅니다. 물어보면 안 되겠다고 느꼈거나 바른 대답을 안 해 주니 물어볼 필요가 없다고 생각했을 것입니다.

거짓말을 하는 경우, 우리나라에서는 흔히 '다리 밑에서 주워 왔다', 일본 사람들은 '나무 가랑이에서 주워 왔다'고 합니다. 그런

가 하면 미국 사람들은 '황새가 물어다 주었다', 이탈리아 사람들은 '양배추 속에서 나왔다'고 거짓말을 합니다. 요즘은 '시장에서 사 왔다'라거나 '기도하니 하느님이 주셨다'라고 이야기하는 사람들도 있습니다.

서양에서는 양배추를 다 까 보고는 아기가 나오지 않는다고 운 아이의 이야기가 전해지고 있습니다. 우리나라에서는 "넌 다리 밑에서 주워 왔으니까 말 안 들으면 다시 다리 밑으로 보낼 거야"라는 말에 "그럼 내 진짜 엄만 어디 있지? 내 진짜 엄마 찾아줘"라고 한 아이도 있었다고 합니다. 그제야 그 엄마는 깜짝 놀라서 "내가 너의 진짜 엄마다. 내가 너를 낳았으니까"라며 말을 정정했다고 합니다. 그러나 그 아이는 엄마가 거짓말을 했다는 생각을 지우기 힘들 것입니다.

정직한 대답이 아이를 안심시킨다

'자기 근원에 대한 물음에 거짓으로 대답했으니까, 앞으로도 믿을 수 없다'고 아이는 생각할 수 있습니다. 내성적인 아이라면 '내 진짜 엄마인 줄 알았는데……'라고 생각하면서 묻지 않고 속으로 엄마를 의심해 보기도 할 것입니다. 이런 질문은 애정을 재확인하는 물음인데 이때 부주의한 대답으로 상처를 주어 부모에 대한 애정을 왜곡시켜서는 안 됩니다.

부모의 거짓말에 일시적으로 넘어갔다고 해도 보통은 친구들과 대화하면서 들통이 나고 맙니다. 아이들끼리 놀다가 "나는 다리 밑에서 주워 왔대"라고 얘기하면 그중에 큰 아이가 "이런 바보! 다리 밑에서 주워 왔어? 엄마 아빠가 그거 해서 생긴 거야. 동물을 봐도 알잖아?" 하며 바보 취급을 하기 십상입니다.

이때 아이는 '부모를 믿을 수 없다'는 실망감과 함께 소속 집단에서 소외되는 기분까지 맛보게 됩니다. 그런 일이 있었던 뒤 아이가 어떻게 부모를 믿고 다시 물어볼 수 있겠습니까? 신뢰할 수 있는 부모에게서 바른 대답을 듣고 자란 아이가 바르게 성인으로 성장합니다.

살아 있는 모든 것에서 배운다

자연을 사랑하는 부모는 성교육의 기회를 자연스럽게 많이 가질 수 있습니다. 자녀를 데리고 공원이나 야산에 가면 포유동물 외에도 개구리, 잠자리, 나비, 곤충의 알 등을 보여 줄 기회가 많습니다. 그 살아 있는 생명체 하나하나를 귀하게 여기는 부모를 볼 때 아이들은 민들레 꽃씨 하나까지도 사랑하는 마음을 갖게 될 것입니다. 특히 유충과 올챙이는 생명이 어떻게 시작되는지를 보여 주는 좋은 자료가 됩니다.

어릴 때 집에서 개나 고양이를 길러 보는 것도 큰 도움이 됩니니다. 동물이 짝을 짓고 새끼를 낳고 보살피는 것을 보면서 생명의 탄생과 성장을 자연스럽게 이해하게 되지요.

자연은 훌륭한 교사

꽃을 가지고 '수정受精의 원리'를 설명할 수 있습니다.

"엄마 꽃에는 줄기와 꽃잎 사이에 알집이 있고 그 속에 알이 들어 있단다. 이 알은 혼자서는 꽃이 되지 못하고 꽃가루가 있어야 한단다. 저 벌들이 꽃가루를 묻혀서 알집 근처에 떨어뜨리지. 그러면 꽃가루가 알집에 들어가 안에 있는 알과 만난단다. 그래서 알집 속에서 꽃씨가 생기는 거야. 이것을 수정이라고 해. 수정된 씨가 여물어 땅에 떨어져 묻히면 해와 비가 도와줘 싹이 트고 꽃나무가 자라게 되는 거란다" 하고 설명해 주세요.

새가 알을 낳았을 때도 새의 생태를 통해 생명이 수정되고 탄생하는 과정을 설명할 수 있습니다. 이렇게 들려줘 보세요.

"엄마 새 몸에는 아주 작은 아기 알이 있고 아빠 새 몸에는 아주 작은 아기 씨가 들어 있단다. 아기 씨는 너무 작아서 눈으로는 볼 수 없는데, 꽃가루와 같은 일을 한단다. 엄마 새의 문에 아빠 새의 문을 대고 이 아기 씨를 넣으면 아기 알과 아기 씨가 서로 합해

지지. 이걸 수정이라고 하는데 수정된 알은 점점 자라 달걀처럼 딱딱한 껍질이 생기고 다 크면 엄마 새의 문을 통해 밖으로 나오지. 이게 그 알이란다. 이 알을 엄마 새가 따뜻하게 품어 주면 알 속에서 차츰 새끼 새로 자라난단다. 계속 품어 주면 알 속에서 자란 새끼 새가 밖에서도 자랄 수 있을 만큼 크게 되지. 새끼 새가 밖으로 나와서 혼자 살 수 있을 그때 엄마 새가 껍질을 부리로 깨뜨려 주면 밖으로 나오는 거란다. 참 신기한 일이지. 새 한 마리 한 마리는 모두 이렇게 태어난 거란다."

이러한 새의 수정과 부화에 비유해서 난자와 정자의 수정 과정과 아기의 탄생을 설명할 수도 있습니다. 참고로 난자와 정자를 어린아이들에게 설명할 때는 아기 알과 아기 씨로 설명하면 좋을 듯합니다.

"너희도 그랬지만 아기는 엄마 배 속에서 자라는 거야. 처음엔 아주아주 작은 알 같지. 그 알은 엄마의 배꼽 아래쪽 배 속에 있는 집에 들어 있단다. 아까 말한 새의 경우처럼 아빠가 아기 씨를 엄마 다리 사이에 있는 문으로 보내면 엄마의 아기 알과 아빠의 아기 씨가 만나 엄마 배 속에 있는 자궁이라는 아기 집으로 가게 돼. 그곳에서 아기가 자라는 거야."

이렇게 자연을 사랑하는 부모는 주변의 동식물을 대상으로 자연스러운 성교육을 할 수 있습니다. 자연과 생명을 사랑하는 부모의 태도에서 아이들은 인간은 물론이거니와 보잘것없어 보이는 동식물들도 모두 소중한 생명체라는 것을 배웁니다.

아이 수준에 맞게 대답하기

"아기는 어디서 와?" 하고 물을 때

아이에게 성교육을 시킨다며 일부러 불러 앉혀 놓고 출산과 성, 생리 등에 관해 설명할 필요는 없습니다. 아이가 질문하면 그때그때 짧고 단순하게 대답해 주세요. 똑같은 질문이라도 아이의 나이나 호기심의 정도에 따라 대답의 내용과 깊이는 달라져야 합니다.

2~3세의 자녀가 “엄마, 아기는 어디서 와?” 하고 물을 때, 굳이 난자와 정자를 끌어들일 필요는 없습니다. “엄마 배 속에서 자란단다. 다 자라면 의사 선생님의 도움을 받아 세상으로 나오게 된다”라고 답하면 충분합니다.

4~5세의 아이가 그렇게 질문한다면 “엄마의 배 속에 있는 자궁이라고 하는 특별한 곳에서 아기가 자란다”고 설명하면 됩니다. 그리고 자궁은 ‘아기를 위해 특별히 마련된 방’이라는 것을 알려 줍니다. 이렇게 설명해 주지 않으면 아이들은 ‘아기가 배 속에서 엄마가 먹은 음식물과 섞이지 않을까?’ 하는 엉뚱한 생각을 할 수도 있습니다.

6~8세의 자녀가 그런 질문을 했다면, 아이가 알고 싶어하는 것은 ‘아기가 어디로 나오는지’에 대해서입니다. 그러나 그때도 출산의 전 과정을 설명할 필요는 없습니다. ‘엄마의 다리 사이에 길이 있어서 그곳으로 아기가 나온다’고 가르쳐 주면 됩니다.

만일 그래도 의아해하면 소변이 나오는 길이나 대변이 나오는 길이 있는 것처럼 아이가 나오는 길도 따로 있다고 설명해 주세요.

대체로 아이들은 신기하리만큼 이렇게 간단한 대답으로 만족해합니다. 아이가 정말로 더 많은 것을 알고 싶어 하는 경우 자연스럽게 질문이 더 이어질 테니, 미리 조바심을 낼 필요는 없습니다.

좀 큰 아이가 구체적인 대답을 기대하거나 그 길을 좀 보자고 할 경우엔 난감하겠지만, 그렇다고 직접 보여 줄 필요는 없습니다. 몸을 그려서 설명하거나 가지고 노는 인형을 이용해서 설명해 주면 됩니다.

"그렇게 작은 길로 어떻게 큰 아기가 나와?" 하고 묻는 아이에게 어떤 엄마는 마침 자기 손목에 끼고 있던 동그란 작은 고무줄을 빼서 크게 늘여 보이며 "이것 보아라, 이렇게 작은 고무줄도 늘어나면 이렇게 커지지 않니? 아기 나오는 길도 꼭 오므라져 있다가 아기가 나올 때가 되면 늘어나는 거야. 아기가 나온 뒤에는 다시 저절로 오므라져 전처럼 작아진단다" 하고 답변했답니다. 참 현명한 대답이지요? 아이가 질문할 때는 이렇게 짧고 정확하게 대답해 주는 것이 좋습니다.

질문을 아이 입장에서 생각해 보기

아이가 어리면 질문이 몹시 주관적이어서 부모가 아이의 질문이 무엇을 의미하는지 정확히 모를 수도 있습니다. 그래서 가끔 터무니없는 대답을 하는 경우도 있습니다.

어떤 여인이 여동생 부부가 집을 비우게 돼서 부모 대신 여섯 살 난 여자 조카를 돌보며 하룻밤을 그 집에서 잤답니다. 아침에 잠에서 깨어난 조카가 다가오면서 "이모, 이게 뭐야?" 하고 젖가슴을 가리키더랍니다. 그래서 "이건 젖인데 너도 어릴 때 엄마 젖을 먹고 자랐지. 너도 크면 엄마나 이모처럼 젖이 커질 거야"라고 대답하고는 이어서, "아기를 낳으면 젖이 나오게 되어 있다"는 둥 한참을 더 진지하게 설명했답니다. 그런데 조카는 "이거 엄마 잠옷이잖아? 왜 이모가 입었느냐고 물어본 거야"라고 말하더랍니다. 가끔은 이렇게 우스운 일도 생긴답니다.

이런 오해를 하지 않기 위해서는 아이에게 그 질문을 슬쩍 되돌려 보는 것도 좋은 방법입니다. "뭐 말이야?" 혹은 "왜 그렇게 생각했니?" "왜 그걸 물어보고 싶어졌지?" 하고 되물어 보면서 아이의 성숙 정도도 파악할 수 있고 질문의 요지도 정확하게 알아차릴 수 있습니다.

"너는 왜 아기에 대해 물어보고 싶어졌니?" 이렇게 물으면 "우리 어린이집의 영미는 동생이 생겼대. 나는 동생이 없잖아. 하나 데려올 수 없어?" 할 수도 있고, "나는 동생이 둘씩이나 있는데 준수는 동생이 없어서 장난감이 다 자기 거잖아. 그래서 물어봤지. 뭐" 하고 대답할 수도 있을 겁니다. 이렇게 아이들의 질문은 어른들의 생각과는 다르게 훨씬 단순한 이유에서 나오는 경우가 많습니다.

아이에게 질문을 다시 던져 봄으로써 질문의 요지를 정확하게 파악하여 짧고 단순한 답변을 해 주는 것이 좋은 방법이라는 것을 강조합니다. 이런 방법은 지나친 성교육을 하지 않을 수 있는 요령이기도 합니다.

성교육, 지나치면 좋지 않다

일부러 호기심을 일깨울 필요는 없다

“엄마, 이거 모두 얼마야?” 하고 묻는 네 살짜리 아이에게는 “이백 원이지” 하고 대답하면 그만입니다. 그런데 “그거 이백 원이지, 엄마가 둘을 더 주면 얼마가 될까? 천 원짜리 둘 하고 백 원짜리 둘이면 다 합쳐서 얼마가 될까? 저기 엄마 지갑 좀 갖고 오렴. 모두 얼마인가 우리 셈해 보자” 하면서 천 원짜리, 백 원짜리를 모두 꺼내는 엄마가 있다면 아이의 단계와 정도를 무시한 처사라며 다들 웃을 것입니다.

마찬가지로 성교육도 자칫하면 지나칠 수 있습니다. “아기는 어디서 나온 거야?” 하고 묻는 네 살짜리 아이에게 “엄마 배 속에서 자라서 나오는 거야”라고 말하면 “으응. 그래” 하고는 나가 뛰어놀 것입니다. 그런데 그때 꽃의 꿀을 빠는 벌이나 나비의 역할이라든가 꽃의 암술, 수술을 설명하려고 들면 아이들은 멍하니 듣기는 할 테지만 그 설명을 인간의 성 생리와 결부시켜 이해할 수는 없습니다. 물론 초등학교 정도의 학생이라면 그렇게 해도 무방한 이야기입니다.

흔히 열성적으로 지식을 전달하려고 애쓰는 부모들이나 직접 설명해 줄 자신이 없는 부모들이 책을 펴 놓고 읽어 주다 보면 지나친 성교육을 하게 됩니다. 아직 몰라도 좋을 사실을 성교육이라는 이름으로 가르치다 보면 공연히 성에 대한 호기심을 일깨워 자극시킬 수도 있습니다. 성 생리에 대해 깊이 이해할 수 있고 구체적인 지식이 필요한 시기라고 생각될 때, 적절한 내용의 책을 부모와 아이가 같이 선택해서 읽고 이야기하는 것이 바람직합니다. 유아에게 책을 가지고 성교육을 할 때도 마찬가지입니다. 연령에 맞는 그림책을 선택해서 부모가 함께 보고 설명을 해 주어야 아이가 혼자 오해하는 것도 피하고 적절한 효과를 얻을 수 있습니다.

어떤 부모가 초등학교 저학년 자녀에게 성에 관한 질문을 받고 '이크, 때가 왔구나' 하고 당황하여 대답해 주는 대신 "이것을 보렴" 하고 두꺼운 성교육 책을 건네주었다고 합니다. 그것을 받은 아들은 영문도 모르고 자기 방에 가져다 두고 보니, '의자는 낮고 책상은 높은데 마침 잘되었다'고 생각하며 깔고 앉았다고 합니다. 며칠 후 엄마가 궁금해서 "그 책 봤니?" 하고 물었더니 "엄마 그 책 컴퓨터 할 때 깔고 앉으니까 참 좋아요"라고 대답했다는, 웃지 못할 이야기도 있습니다.

과장하거나 감추지 말자

성교육에 관한 중요한 교훈을 얻을 수 있는 재미있는 이야기 하나 더 해 드릴까요? 초등학교 3학년 아이가 학교에서 정자와 난자의 결합에서 아기가 생기는 것을 비디오 자료로 배우고 온 날, 엄마에게 질문을 많이 하더랍니다. "엄마, 그 올챙이 같은 거 한 마리 줄 수 없어? 나 한번 키워 보게" "아빠가 엄마에게 그 올챙이 같은 거 결혼식 날 주는 거 맞지?" 등의 질문이었다고 합니다.

요즈음 아이들은 육체적 성숙이나 정보 수준의 편차가 워낙 커서 교육의 수준을 적절하게 맞추는 것이 쉽지 않습니다. 이 아이의 경우에는 학교에서의 성교육이 적절치 못했음을 알 수 있습니다. 아이들의 수준에 맞추어 지나치지 않도록 주의하면서 거짓 없이 사실대로 알려 주는 것이 좋습니다.

엄마들이 흔히 저지르기 쉬운 실수 가운데 하나가 출산에 관한 설명을 하다가 자기 추억에 취해서 아기를 낳을 때의 진통에 대해 필요 이상으로 강조하는 것입니다. 이것은 엄마가 예상치 못한 심각한 결과를 가져올 수 있습니다.

엄마는 아기 갖기를 몹시 원했고, 그래서 임신했을 때 아주 기뻤으며, 아기가 태어났을 때는 엄마 아빠와 온 식구들이 얼마나 기뻐했는지를 이야기해 줘야 하는데, '정자와 난자가 만나고 나서 열 달 만에 아기가 태어나는데 그때 엄마는 아파서 꼭 죽는 줄 알았다'고 이야기한다면 아이들은 큰 충격을 받습니다. 아이는 자기가 엄마를 아프게 했다는 데 죄책감을 느끼게 되고, 새로 태어난 동생도 미워지고 뭔가 불안한 감정을 갖게 됩니다.

그런 이야기를 들은 여자아이들은 흔히 "난 여자가 싫어. 난 아기가 미워"라고 하면서 임신과 출산에 대한 공포심을 드러냅니다. 제왕절개 수술에 대해 강조해도 같은 반응을 보이기 쉽습니다. 심한 경우 "의사가 칼로 엄마 배를 잘라? 아유 무서워. 난 어른이 돼도 아기는 낳지 말아야겠다"고 하기도 합니다. 이것은 잘못된 성교육의 역효과입니다.

또 여자의 월경에 대해서도 너무 일찍 이야기해 주면, 아이들은 피에 대한 공포심 때문에 불안해하고 무서워합니다. 갑자기 생리적인 정보를 주기보다는 청소년기에 나타나는 외모의 변화에서부터 가볍게 시작하며 접근해 가는 것이 좋습니다. 그렇게 자연스럽고 긍정적인 분위기에서 생명 현상에 대한 지식을 전달하세요. 그리고 이러한 지식 전달의 저변에는 생명에 대한 존중이 당연히 함께해야 합니다. 초등학생이나 중학생에게는 이렇게 설명해 줄 수도 있습니다. "엄마와 아빠는 서로 사랑하기 때문에 너희들을 낳기 원했어. 아기의 탄생에는 고통이 따르지만, 생명의 탄생은 놀랍고 신비한 일이며 삶의 큰 기쁨이란다. 아기를 낳을 때의 고통은 그 아기에게서 느끼는 엄마 아빠의 사랑에 비하면 아주 작은 것이야"라고요.

성교육은 인간의 존엄성에 대한 이해를 바탕으로 아이의 수준에 맞추어 부드럽고 자연스럽게 해야 합니다.

묻지 않는 아이에게 더 관심을 가져 보자

어린이는 성에 대해 관심을 두기 마련이며 또 갖는 것이 정상

어떤 아이들은 성에 대해 좀처럼 묻지 않습니다. 이런 아이는 혼자서 자랐거나, 너무 일찍 동생을 보았거나, 아니면 성에 대해 궁금한 것이 생겼을 때 어른들이 적절하게 대응하지 않았을 경우에 나타납니다. 무엇인가 질문했을 때 "시끄러워, 조용히 놀아라" 하고 번번이 답변을 거절당한 아이일지도 모릅니다. 질문을 콱 막아

버리는 부모를 둔 아이는 다시 핀잔 당하는 것이 두려워 호기심을 감추어 버리고 맙니다.

또 성에 대한 질문에 이상야릇한 웃음을 지으면서 "크면 다 알게 돼. 조그만 게 벌써……"라고 말하며 답변을 회피하면, 아이는 '내가 나쁜 질문을 했구나' 싶어서 다시는 어른에게 그런 질문을 하지 않게 됩니다. 그 대신 친구들에게 묻거나 마음속에 품고 혼자 곰곰이 생각하며 고민하게 됩니다. 그러다가 아이는 묻는 것은 물론 생각하는 것, 또는 의심하는 것조차도 나쁜 일로 느끼게 됩니다.

그렇다고 아이의 호기심이 실제로 없어지는 것은 아닙니다. 아이가 성장하면 할수록 호기심은 생기게 마련입니다. 먹지 말라는 음식이 오히려 더 먹고 싶듯이, 묻지 말라고 하는 것이 이상하게 더 알고 싶어지는 법입니다. 끙끙거리며 알려고 애쓰다가 남몰래 '손장난'을 하게 되거나 저 혼자서 지나친 성적 놀이에 빠져들 수도 있습니다. 좀 자라면 성인 만화를 뒤지거나 음란 인터넷 사이트를 찾아볼 수도 있습니다. 아이가 이런 성적 호기심에 대해 죄책감을 느끼면서 자기 자신을 질책하고 죄의식에 사로잡힐 경우 성격이 침울해지기도 합니다.

침묵은
의미 있는 신호

어떤 부모는 자녀가 물어보아도 대답해 줄 자신이 없기 때문에 아이가 질문하지 않는 것을 천만다행이라고 여기기도 합니다. 한술 더 떠서 자기 집 아이가 아무것도 묻지 않는 것을 큰 자랑으로 여깁니다. 마치 '우리 아이는 건전하고 점잖아서 그런 문제는 일체 입에도 담지 않는다'는 식으로 말입니다. 아이의 이런 행동은 결코 자랑할 만한 것이 아닙니다. 이런 상황은 성에 대한 아이의 관심이 어떤 형태로든 억압되어 있음을 반증하는 것입니다.

세 살짜리가 성에 대해 아무것도 묻지 않는다고 해서 걱정할 필요는 없습니다. 그러나 자녀가 대여섯 살이 될 때까지 다른 주제에 대한 호기심과는 달리 성에 대한 질문만 하지 않는다면, 그것은 이상한 일입니다. 어쩌면 아이는 그런 것은 묻지 않는 것이 좋다고 저 혼자 깨달았을지도 모릅니다. 부모가 지나치게 엄격하고 자신의 아이가 착한 아이이기를 강요하다 보면, 아이는 움츠러들어서 그런 질문을 하지 않으려고 합니다.

어릴 때 성에 대한 첫 질문이 여지없이 짓밟혔거나 집안 어른들, 또는 동네 친구들에 의해 좋지 못한 선입견을 품은 경우, 또는 부모가 무심코 저지른 어떤 잘못 때문에 성에 대해 전혀 질문을 하지 않는 아이를 어떠한 방법으로 도와줄 수 있을까요?

그런 경우, 이렇게 한번 해 보세요.

먼저, 관계를 좀 더 부드럽게 만들고 엄격했던 규칙도 완화해 아이가 다소 실수하더라도 별문제 아니라고 느낄 수 있는 분위기를 만들어 주세요. 아이와 자주 놀아 주어 아이 마음을 누그러지게 한다면 아이는 자연스럽게 질문을 할 것입니다.

다른 방법으로는 아이가 듣는 앞에서 부모가 자연스럽게 성에 대하여 대화하는 것입니다. "오늘 친구를 만났더니 아기를 낳을 때가 돼서 그런지 배가 아주 불러 보이던데요." "앞집 진이 엄마가 아들을 낳았대요." 이렇게 생활 주변의 이야기로 스스럼없이 출생에 관해 이야기하기 시작하면 아이도 긴장했던 감정을 조금씩 풀어버릴 수 있습니다. 때로는 아이에게 "너는 진이 엄마 배가 왜 이렇게 부른지 아니?" 하고 물어보면서 화제를 꺼내 볼 수도 있습니다.

마지막으로, 아이가 묻지는 않아도 행동으로 호기심을 표현할 때가 있으니, 이때 대화를 이끌어 가며 천천히 가르치는 방법입니다. 예를 들어, 목욕탕에 갔을 때 부모를 따라온 이성異性 아이의 성기를 신기한 듯 보거나 또는 남자아이가 이웃집 여자아이의 치맛자락을 들쳐 보거나 좀 커서 성에 대한 낙서를 하는 경우, 그 어떤 행동이라도 눈치를 주거나 나무라지 말고 이를 계기로 삼아 대화를 유도해 보는 것입니다.

이러한 일상적인 방법들을 통해서 부모가 평범한 태도로 성을 받아들이고 있다는 것을 아이에게 보여 주세요. 그러면 아이들은 부모를 따라서 성과 관련된 생명 현상을 있는 그대로 받아들이고 성에 대해서도 자연스러운 태도를 갖게 될 것입니다.

양성성의 자녀로 키우자

학계에서는 성적 고정관념을 깨뜨리고 성의 편견에서 벗어나 좀 더 자유로운 삶을 꾸려 나가도록 하기 위해 양성성의 개념을 받아들이고 있습니다. 말하자면 현 사회에서 여성적 특성과 남성적 특성을 한 개인이 동시에 가지는 것이 가능할 뿐 아니라 바람직하다는 것입니다.

예를 들면 한 사람이 성적 고정관념으로 정립된 여성스러운 섬세함과 남성스러운 용감함을 동시에 가질 수 있으며, 자기 생각을 논리적으로 주장할 수 있으면서 동시에 타인을 배려하며 자신과 다른 생각을 수용할 수도 있다는 것입니다. 이러한 주장에도 문제점은 없지 않습니다. 감정 이입, 부드러움, 보살핌 같은 다분히 여성적이라고 알려진 특성과 공격성, 지배욕 등의 남성적으로 알려진 특성은 정서적으로 대립하는데 '현실적으로 자연스럽게 통합 가능한가' 하는 문제입니다. 그리고 양성성을 성에 대한 또 다른 방식의 고정관념으로 고착시킬 수도 있다는 우려입니다.

그렇기 때문에 어떠한 성적 고정관념도 없이 열린 마음으로 자녀를 대해야 합니다.

양성성을 가진 아이로 키우는 방법

남녀 성 차이에 대하여 부모는 아이들이 자유롭고 다양한 반응을 하도록 수용해야 합니다. 즉 남자아이와 여자아이의 특성에 얽매이지 않아야 하고, 양성성을 가져야 한다는 강박관념에도 얽매이지 말아야 합니다. 또, 아이들의 다양한 성향을 계발시키기 위한 방법으로, 양성성의 특성을 가진 아이로 키우는 방법을 제시해 보고자 합니다.

- ‘여자니까’ 혹은 ‘여자아이답지 못하다’ 등의 성적 고정관념이 반영된 말을 하지 않도록 주의하세요. 엄마의 긍정적이면서도 개방적인 사고방식을 보여 줘야 합니다.
- 《신데렐라》나 《잠자는 숲속의 미녀》 같이 아름답지만 힘이 없는 여성을 남성이 구출해서 행복해지는 동화나 드라마에 관해서는 설명과 함께 토론해 보세요.

- 광고나 드라마에서 아름다움과 나약함을 여성의 성적 매력으로 끊임없이 부각하는 것을 무비판적으로 받아들이지 않도록 합니다.
- 미인 콤플렉스를 갖지 않도록 인간 내면의 아름다움에 대해 알게 합니다.
- 여성에 대한 기존의 규범인 '얌전함'과 '예의 바른 행동' 사이에는 차이가 있음을 알게 하세요. 소신 있게 자신의 의견을 말하고 행동하되 무례하지 않도록 가르칩니다.

아들을 씩씩하면서도 따뜻한 감성으로 키우는 방법

- '사내답다' '사내답지 못하다' 등의 성적 고정관념이 반영된 말을 하지 않습니다.
- 아버지가 따뜻한 감성을 표현하고 타인을 배려하는 행동을 보여 줘야 합니다.
- 아들에게도 딸과 같은 비중으로 집안일을 거들게 합니다.
- 동화나 드라마, 광고 등에 나오는 성적 고정관념에 대해 분석하고 비판할 수 있는 힘을 길러 줍니다.
- 아들이 친절하고 섬세한 감성을 갖고 있다면 격려하고, 그렇지 않다면 타인에 대한 배려나 친밀감을 표현할 줄 알도

록 가르칩니다.

◆ 남성의 미덕으로 여겨 온 씩씩함이 남을 무시하는 강함이나 무례함과 같지 않음을 알게 합니다.

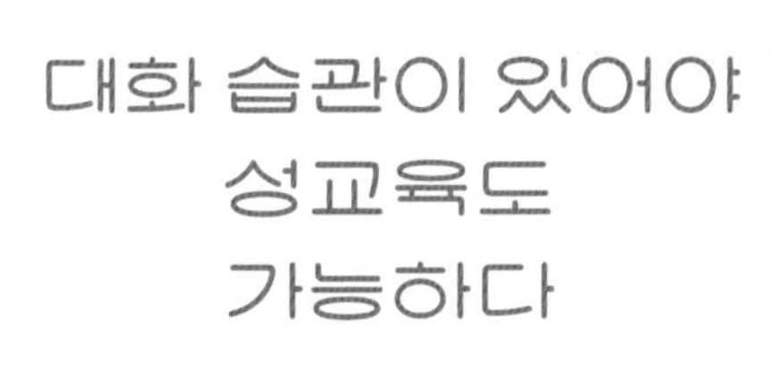

대화 습관이 있어야 성교육도 가능하다

아이의 몸이 몰라보게 불쑥 자라 젖가슴이 부풀고 목소리가 변할 때

'성교육은 어떻게 해야 하나?' 하고 심각하게 고민하는 부모가 많습니다. 이때 여자아이에게 "이제 다 컸으니까 해 지기 전에 꼭 들어와야 한다"고 말한다든가, 남자아이에게 "좋은 학교에만 합격하면 여자 친구는 줄을 설 테니 공부나 해라" 하고 타이르는 것은 어설프고 안 하느니만 못한 조언입니다.

어릴 때부터 부모와 자녀 사이에 대화가 오가는 가정이라면 성교육에 큰 문제는 없습니다. 아니 문제가 없다기보다는 문제점이 대화의 과정에서 저절로 드러나기 때문에 자연스럽게 해결되는 것입니다.

대화의 자리는 상호 신뢰를 토대로 마음의 고통도 기쁨도 함께 나누며 배우는 사랑의 배움터입니다. 그러니 어느 날 갑자기 대화의 자리를 마련하는 것은 아무 소용이 없습니다. 갑자기 마련된 자리에서 성 문제를 화제에 올릴 자녀는 없습니다. 가족 간의 대화는 어릴 때부터의 습관이어야 합니다. 아이가 처음 엄마, 아빠라는 단어를 입에 올리기 시작하며 말을 배울 그때부터 부모와 이야기를 나누는 것이 즐거움이어야 합니다.

돌 무렵의 아기가 처음으로 말을 옹알거릴 때는 그렇게 흥분하고 되풀이해서 시켜 보고 즐거워했던 부모도 아이들이 더 커서 그들의 말이 더 이상 부모의 흥미를 끌지 못하면 "조용히 해! 시끄럽다" "쓸데없는 말 그만하고 공부나 해라" 하고 귀찮아하기 일쑤입니다. 이러면 아이들은 부모에게 물어보려던 말은 가슴속에 쏙 집어넣고, 자기 방에 가서 컴퓨터 게임에 몰두하는 편이 낫겠다고 느끼지 않을까요?

초등학교에 들어간 아이도 새로운 경험을 표현할 기회를 가져야 합니다. 이때 "뭘 배웠니?" "선생님 말씀 잘 들었니?" 같은 학과

교육에 관련된 질문만 하는 것은 바람직하지 않습니다. 아이가 자신의 친구 관계나 감정의 변화를 드러낼 수 있도록 대화를 이끌어가야 합니다. 그리고 무엇보다 아이의 이야기를 잘 들어 주려는 태도가 필요합니다. 엄마가 자신의 이야기를 듣기 위해 하던 일을 멈추고 자신에게 눈을 맞추며 기다려 주면 아이는 행복해하며 자신에 관해서 이야기할 것입니다.

열린 마음으로 대화하자

요즘같이 각자 바쁘게 살아가는 상황에서는 학년이 높아질수록 대화의 기회가 적어져 부모와 자녀 사이에 넘나들 수 없는 높은 담이 쌓이는 경우가 많습니다. TV와 휴대폰이 가족 개개인의 여유 시간을 점령하면서 가족 간의 대화 시간은 더욱 줄어들게 되었습니다. 때로는 TV를 가족이 같이 보고 이야기를 나누는 기회를 갖는 것은 미디어 속 정보를 분석하고 평가하는 능력, 즉 미디어 리터러시media literacy 교육의 장으로 활용하는 기회가 될 것입니다. 마력적인 힘을 가진 TV에 끌려가지 않기는 매우 어렵지만 절제력으로 부모가 모범을 보이는 태도 역시 필요합니다.

자녀와 대화에 어려움을 느끼는 부모들을 위해 구체적인 방법을 두 가지로 제시하고자 합니다. 첫째, 자녀에게 말할 기회를 주고 그들이 하는 말을 귀담아들어 줍니다. 예를 들어 자녀의 옷이나 물건을 살 때 부모가 알아서 좋은 것을 사 주는 것보다 '넌 뭐가 좋으니?' 하고 본인의 의사를 말할 기회를 주고 그 말을 집중해서 들어 줍니다. 가급적 어떤 상황에서도 '넌 어떻게 생각하니?' 하고 의견을 말하게 하고 귀담아듣습니다. 이것은 자녀를 인격적으로 존중해야 가능한 일입니다. 이때 그들이 느끼는 존중받는 느낌은 자신감으로 이어질 것이며 본인의 말을 잘 들어 줄 때 솔직하게 속내를 이야기할 것입니다.

둘째, 설사 자녀의 생각이 부모와 다르더라도 그 생각을 바꾸려고 야단치거나 무시하거나 화를 내지 않습니다. 중학교 2학년 남학생을 대상으로 한 연구•에 의하면 남학생의 문제행동 중 심각성 수준이 가장 높은 문제행동에서 아버지의 역기능적 의사소통 수준이 높으면 더 심각해지고, 개방적 의사소통은 그 문제행동을 줄일 수 있는 영향력을 가진다고 합니다. 약물남용이나 자살 생각을 포함하는 도피형 문제행동 역시 심각하게 만드는 것은 아버지와의 역기능적 의사소통이며, 이 문제행동을 완화할 수 있는 것은 어

• 〈청소년의 부모와 의사소통과 대화시간이 문제행동에 미치는 영향〉, 엄경주·윤채영, 학습자중심교과교육연구, 제17권 9호, 2017

머니와의 대화 시간의 양이라고 합니다. 자녀에게 '대화하자' 하면서 실제로는 야단치고 훈계할 때 사태를 더 심각하게 만든다는 것입니다. 대화하고자 하였는데 의도와 달리 훈계로 상황을 악화시킨 부모가 아닌지 되돌아볼 일입니다.

자녀와의 대화를 힘들어하는 부모라면 이 두 가지를 기억하고 익히면 도움이 될 것입니다. 어려서부터 부모자녀 사이에 대화 습관이 있어 성을 주제로도 이야기를 나눌 수 있다면, 자녀와의 대화는 삶을 서로 나누는 기쁨의 장이 될 수 있을 것입니다.

대화는 결코
저절로 되지 않는다

어릴 때부터 잠자리에 들기 전 그날 일어났던 일을 몇 마디의 말로 주고받으며 하루를 의미 있게 마무리하는 습관을 가져야 합니다. 유대인들은 잠자리에 누워 있는 자녀들에게 그들의 성서인 《탈무드》를 읽어 주고 대화를 나눈다고 합니다. 이렇게 대화를 나누면, 설사 불쾌했던 하루라도, 부모와 언짢은 일이 있었다 해도, 그날로 매듭지을 수 있으니 좋지 않을까요?

특히 하루 종일 얼굴 보기 힘든 아빠가 이 일과를 맡아 준다면 긴 시간이 아니어도 속 깊은 대화로 부성애를 표현할 수 있으니 부족한 아빠 역할을 보충하는 방법으로도 괜찮지 않을까요? 또 일주일에 두세 번 정도는 저녁 시간에 식구들이 다 모여 이야기를 나누는 습관을 가져 보는 것도 좋지 않을까요? 이런 시간이 허락되지 않는 가정이라면 토요일 오후나 일요일 오전만이라도 가족 모임의 시간으로 정해 놓고 즐겨 보는 것은 어떨까 싶습니다.

굳이 대화에 집착할 필요 없이 즐겁게 음식을 먹고 서로의 생활에 관심을 보이는 시간을 보내는 것입니다. 그렇게 마련된 자리에서 자녀의 성 문제가 그대로 노출되지는 않습니다. 그러나 의심스럽고 걱정스러울 때 거리낌 없이 물어볼 수 있으려면 대화가 습관이 되기 위해서 이렇듯 일부러 자리를 마련하려는 노력도 필요한 것입니다.

아이들은 "엄마는 내 방이 더러울 때 야단치는 거 말고는 하는 말이 없어요" "숙제했니? 공부하라는 말밖에는 안 해요"라고 불평합니다. 부모들은 "우리 집 아인 벌써 엄마를 무시하고 얘기 상대도 안 하려고 해요" "도대체 먹을 거나 돈 달라고 할 때 외에는 말도 걸지도 않아요" 하면서 몹시 섭섭해합니다.

서로 대화가 필요하다고 심각하게 느꼈을 때는 이미 늦은 경우가 많습니다. 아이가 어릴 때부터 잠자리에서든 식탁에서든 일정하게 대화하는 시간을 가짐과 동시에 그때그때 문제에 부딪혔을 때 성실하고 솔직하게 대답하는 대화의 습관을 몸에 익히는 것이 좋습니다. 부모의 정성에 따라 아이는 자신의 따뜻한 분신이 될 수도, 차가운 타인이 될 수도 있습니다. 대화는 도움을 필요로 하는 자녀뿐 아니라 부모에게도 필요합니다. 대화는 아이의 특성과 수준을 이해할 수 있는 좋은 방법이며 자라나는 아이의 삶에 참여하는 일입니다.

3

흡족하고 풍요롭게

•

영아기(0~2세) 성교육

아기가 엄마 품에 안겨 젖을 먹는 순간 엄마와 아기는 깊은 신뢰와 사랑을 바탕으로 육체적인 접촉을 합니다. 엄마는 모성 본능에 가장 충실한 형태의 사랑을 주게 되고, 아기는 식욕과 함께 사랑이 충족되는 것을 느낄 수 있습니다. 이 만족감이야말로 아기에게 가장 큰 기쁨이며 삶의 힘입니다. 한 사람보다는 여러 사람의 손길을 통해 아기에게 사랑을 전달하는 것이 좋습니다. 엄마와 아빠, 할머니와 할아버지, 그 밖의 어떤 가족 구성원이라도 아기를 쓰다듬고 어루만지고 안아주며 사랑한다면, 아기의 정신 건강에 그보다 좋은 일은 없을 겁니다.

아기에게 최고의 선물은 스킨십

갓 태어난 아기도 성별에 따라 몇 가지 다른 현상을 보입니다. 예를 들면 여자 아기의 경우 '초생아 경도'라고 해서 기저귀에 약간의 피가 묻을 수 있고, 젖을 짜면 마유魔乳라고 하는 뽀얀 젖이 나오는 경우도 있습니다. 이것은 태중에 있을 때 엄마의 여성 호르몬으로부터 영향을 받아 일어나는 현상인데 오래 지속되지 않으므로 걱정할 것은 없습니다. 또 남자 아기의 경우 가끔 음경이 발기할 수 있습니다. 방광이 가득 찼을 때나 오줌을 눌 때 발기할 수 있는데, 지극히 자연스러운 일이므로 신경 쓸 필요는 없습니다.

아기는 태어나면서부터 성 문화의 영향을 받습니다. 특히 신생아의 경우 성 의식에 결정적인 영향을 주는 것은 수유 방법과 스킨십이며, 조금 자란 영아의 경우는 대소변 훈련이 큰 영향 변인이 됩니다.

살을 맞대면 아기는 안심한다

갓난아기가 울 때 안아 주면 울음을 그칩니다. 또 어른들은 아기가 사랑스러울 때는 자연스럽게 안아서 볼을 비벼 줍니다. 자다가 깬 아기는 등을 토닥거려 주면 다시 잠이 듭니다. 이런 모습들에서 아기에게 사랑을 전달하는 가장 좋은 방법은 스킨십이며, 아기는 스킨십을 통해 정서적으로 안정감을 찾게 된다는 것을 알 수 있습니다.

앞에서 밝힌 할로 박사의 '원숭이 실험'에서도 증명되었듯이 아기는 반드시 어른과 살을 맞대야 합니다. 이런 스킨십을 통해서 사랑을 느끼고 사랑이 싹틉니다. 이러한 영아기의 피부 접촉이 성교육의 기반임은 여러 학자의 연구에 의해 뒷받침되고 있습니다. 《촉감의 대화》라는 책에서 저자인 프랭크는, "촉감의 만족을 얻은 아기는 소화도 잘 시키고 반응도 더 민첩하고, 학습 능력 역시 우수

하며 환경에 대한 적응력도 뛰어나다"라고 말합니다.

그런가 하면, 에릭슨은 인간 발달의 8단계 가운데 첫 번째 단계로 신뢰감의 발달을 들고 있습니다. 영아는 끊임없이 돌보아 주는 따뜻한 손길을 통해 엄마를 신뢰하게 되고, 나아가 세상을 신뢰하게 된다고 합니다. 배가 고파 울어도 아무도 자신을 안아서 젖을 물려 주지 않고, 기저귀가 축축하거나 추워서 울어도 아무런 반응이 없고, 방에서 홀로 자다가 무서워서 울어도 돌봐 줄 사람이 오지 않으면 아기는 점차 위축되기 시작합니다. 주위 사람들에 대한 불신이 싹트면서 비사회적이고 무표정한 아기가 되고 맙니다. 아기가 자란 뒤 이 불신이 다른 사람에게 번지면 학교 선생님은 물론 일반 어른들도 불신하게 된다고 합니다.

정신분석학자이며 내과 의사인 스피츠도 아기는 엄마와의 개인적 접촉을 통해 사랑을 주고받아야 한다고 강조합니다. 그는 한 살 후반기(6~12개월)에 이것이 꼭 이루어져야 한다고 말합니다.

발달 단계로 볼 때도, 아기가 6개월 정도가 되면 사람을 가려보기 시작하고, 혼자 일어나 앉아 물건을 집어 들고 손가락으로 만지작거리며 감촉을 즐깁니다. 사실 아기는 돌이 되기 전에 이미 만족이나 슬픔, 혐오감 같은 정서 반응을 나타내고 애정과 질투, 환희와 공포, 희망과 분노 등 서로 대립하는 미묘한 감정 변화를 경험하기 시작합니다. 영아기가 애정 발달의 결정적 시기임이 확실한 모양입니다.

이처럼 영아기에 꼭 필요한 스킨십을 통한 애정의 충족은, 만져 주고 씻겨 주고 기저귀를 갈아 주며 안고 젖을 먹이는 동안에 이루어집니다. 이 중에서 가장 큰 비중을 차지하는 것은 엄마가 꼭 안고서 젖을 먹이는 일입니다.

이런 의미에서 본다면, 아기가 수유대에 앉아 혼자 우유병을 빠는 서양식 육아법보다는 엄마에게 안겨 한쪽 젖을 만지면서 다른 쪽 젖을 빠는 우리 전통의 육아법이 아기의 정서를 위해서는 훨씬 더 좋은 방법일 것입니다. 부득이한 사정으로 모유 수유를 못 할 경우라도, 아기에게 우유(혹은 두유)를 줄 때는 반드시 아기를 품에 안고 먹이는 것이 좋습니다.

또 기저귀를 갈아 줄 때도 차가운 손으로 아기를 만져 깜짝 놀라게 하지 말고 손을 먼저 따뜻하게 만든 다음 포근하고 따뜻한 기저귀로 갈아 주면 아기가 훨씬 만족스러워합니다. 목욕을 시킬 때도 엄마 배 속의 양수처럼 적당히 따뜻한 물속에서 성기를 포함한 온몸을 깨끗하게 씻어 주고, 놀라지 않도록 손발을 붙잡아 가며 보살펴 주어야 합니다. 그리고 아기 잠자리는 항상 어른의 손길이 닿기 쉬운 곳에 마련함으로써 행여 아기가 혼자 자다가 공포에 떠는 일이 없도록 주의를 기울여야 합니다.

아기는 왜 특정 인형이나 담요를 사랑할까?

아기에게 스킨십이 부족할 때 나타나는 증세 중 대물애착對物愛着 현상이 있습니다. 아기가 부드러운 촉감의 인형이나 담요 등 특정 물건에 애착을 보이는 것을 말합니다. 가벼운 증상의 아이는 잠이 올 때나 허전할 때 특정 물건을 몸에 지니려고 하며, 심한 경우는 언제나 그 물건과 함께 있으려고 하므로 집에서뿐 아니라 놀이터, 어린이집 등 어디라도 애착 물건을 갖고 갑니다. 이 현상은 부족한 스킨십을 나름대로 충족시키기 위한 적응 방편이므로, 야단치거나 대용물을 빼앗으면 역효과만 생깁니다. 아기가 원할 때 그 애착 물건이 곁에 있도록 배려해 주고 따뜻한 보살핌으로 스킨십을 충분히 해 주어야 합니다.

요즈음은 어린아이들이 자신의 애착물을 갖는 것이 보편화된 것 같습니다. 그래서 아이가 스스로 애착물을 만들어 갖기를 원하기 전에 부모가 미리 애착물을 준비해 주는 경우도 많습니다. 이 경우 부드럽고 세탁하기 쉬운 것으로 선별하는 것이 좋습니다. 언제나 아이와 함께하므로 자주 세탁해야 하기 때문입니다. 그러니 세탁하는 동안 아이가 찾을 것에 대비하여 똑같은 것으로 두세 개 준비하는 것도 지혜로운 방법입니다. 이때 주의할 일은 두세 개가 있다는 것을 아이가 알면 언제나 한꺼번에 모두 있기를 요구할 수 있어서 아이에게는 언제나 하나만 볼 수 있게 관리를 잘하는 것이 좋습니다. 아이가 그 하나의 물건에 애착이 형성된 이후 어쩌다 같은 애착물이 또 있는 것을 알았을 경우에는 '빨래할 때 너를 위해 여분으로 준비한 것'이라고 설명하면 이해하고 만족합니다.

아이에게 사랑을 전달하는 스킨십은 여러 사람의 손길을 통하는 것이 좋습니다. 엄마와 아빠, 할머니와 할아버지, 그 밖의 어떤 가족 구성원이라도 아기를 쓰다듬고 어루만지고 안아 주며 사랑한다면, 아기의 정신 건강에 그보다 좋은 일은 없을 것입니다.

최근 일부 청소년들이 가출을 하고 부모를 등지는 일을 아무렇지도 않게 생각하며, 이성 친구와의 육체적 접촉에서만 만족을 느끼려고 하는 것도 어려서 스킨십이 충분하지 못했기 때문인지도 모릅니다. 어릴 때 부족했던 스킨십을 이성에게서 대신 채우려는 심리적 현상일 수도 있습니다. 아기는 따뜻한 손길이 많이 필요한 존재라는 것을 잊어서는 안 됩니다.

젖 먹이는 방식이 아이의 성격을 바꾼다

아기가 엄마 품에 안겨 젖을 먹는 순간 엄마와 아기는 깊은 신뢰와 사랑을 바탕으로 육체적인 접촉을 합니다. 엄마는 모성 본능에 가장 충실한 형태의 사랑을 주게 되고, 아기는 식욕과 함께 사랑이 충족되는 것을 느낄 수 있습니다. 이 만족감이야말로 아기에게 가장 큰 기쁨이며 삶의 힘입니다.

젖을 먹이는 방법에 따라 아기의 성격이 달라진다는 것은 이미 다각도로 연구되고 증명되어 왔습니다. 뉴기니의 원주민을 주로 연구했던 사회학자 마거릿 미드Margaret Mead에 의하면, 식인종인 이 아트몰족 엄마들은 아기 기르기를 극도로 싫어했다고 합니다. 아기를 무릎에 앉히는 등의 피부 접촉은 가급적 피하고 높은 의자에 올려놓고 키우는데, 아기는 거기서 젖을 줄 때까지 울어 대야만 했다고 합니다. 아기가 배고파하는 게 확실하다고 생각되면 그제야 비로소 다가가 흡족하게 젖을 먹이는데, 먹기 위해 심하게 보채야만 했던 아기는 이때 결사적으로 젖을 빤다고 합니다.

또 다른 식인종인 먼두그물족도 갓난아이를 심하게 굶주리게 만들어, 아기가 세차게 젖을 빨도록 했습니다. 연구자들은, 아기가 이때 울면서 느낀 분노가 훗날 거칠고 탐욕적인 성격으로 변하는 것이라고 파악합니다. 말하자면 이와 같이 항상 엄마 젖가슴에서 멀리 떨어져 있고 젖을 줄 때 애태우게 하는 것이 나중에 그들이 성장했을 때 생포한 적敵을 태연히 먹어 버리고 껄껄 웃을 수 있는 식인종이 되게 하는 데 일조했다는 것입니다.

반면, 같은 뉴기니의 부족 가운데 이웃 간에 사이좋게 지내는 발리족은 아기를 엄마 몸의 한 부분으로 생각하고 행동을 같이하며, 제약 없이 태평스럽게 젖을 먹입니다. 앞의 두 부족이 부정적인 사례였다면, 발리족의 경우는 긍정적인 의미에서 엄마의 수유 방법이 아기의 인격 성장에 미치는 영향이 지대하다는 것을 증명하는 사례입니다.

빨고 싶은 아기의 욕구는 충족되어야 한다

갓난아기는 오감 가운데 촉각이 가장 발달되어 있습니다. 그중에서도 입술의 촉각은 아주 예민해서 아기는 젖을 먹으면서 많은 것을 느끼고 배웁니다. 이 점은 정신분석학자 프로이트Sigmund Freud의 이론에 의해 분명히 밝혀졌습니다. 프로이트는 입술을 통해 기본 욕구를 충족시킨다고 해서 영아기를 구순기口脣期라 특징지었습니다. 영아의 식욕은 '배고프다' '먹고 싶다'가 아닌 포근히 안겨 젖꼭지를 물고 싶은 감각적인 동기에서 시작된다고 합니다. 그리고 이때 심한 욕구 불만이 쌓이면 다음 단계로 발달하지 못하고 그 자리에 머물러서(흔히들 고착된다고 표현) 성적 이상자가 된다고 합니다. 이럴 경우 구순 인격口脣 人格이 되기 쉽습니다. 구순 인격의 특징은 의존적이고 수동적이며 매사에 요구는 하면서도 남에게는 베풀 줄 모른다거나 요구를 거절당했을 때 지나치게 예민함을 드러내는 것 등입니다.

그러면 어떤 수유 방법이 가장 이상적일까요? 요즘 우리나라에서는 여러 가지 이유 때문에 젖 먹이기를 피하는 엄마가 많은데 모유보다 좋은 인공영양이 없음은 과학적으로도 증명된 사실입니다. 모유 수유의 좋은 점을 들자면, 먼저 엄마와 아기의 피부가 맞닿

음으로써 아기의 정서가 안정된다는 것입니다. 이 같은 사실은 미국의 솔크 교수가 엄마의 심장 고동 소리는 아기에게 안정감을 준다고 밝혀 냄으로써 더욱 분명해졌습니다. 동물원에서 엄마 동물들이 새끼를 주로 왼쪽으로 안고 있는 것이라든지, 산모들이 처음 자신의 아기를 받아 안을 때 주로(80% 정도) 왼쪽으로 안는 것은 아기에게 엄마의 심장 소리를 듣게 해 주려는 무의식적 배려라는 것도 받아들여지고 있습니다. 엄마 품에서 사랑을 느끼며 모유를 먹는 것과 혼자 젖병을 들고 우유를 먹는 것의 차이는 클 수밖에 없습니다.

모유 성분을 살펴보면, 아기가 태어나고 수개월 동안 나오는 젖에는 면역 글로불린globlin이 들어 있어서 모유를 먹은 아기는 약 반년 동안은 전염병에 잘 걸리지 않습니다. 특히 산후 1~4일 사이에 나오는 초유는 성분상 단백질·지방·무기염류·비타민 A 등이 풍부해 아기에게 매우 유익합니다. 모유 수유에 대한 연구는 하면 할수록 모유의 좋은 점이 많이 증명되는데, 모유를 먹고 자란 아동은 아동기 비만 위험이 낮고 성인이 된 후에도 혈압과 콜레스테롤 수치가 낮고, 2형 당뇨병을 앓을 위험도를 낮추며, 지능 지수도 높은 것으로 역학적으로 규명되었다•고 합니다. 이처럼 모유는 영유

• 〈국내외 모유 수유 추이와 모유 수유 증진을 위한 정책방향〉, 한국보건사회연구원, 보건·복지 Issue & Focus 제86호, 2011

아의 성장과 발육에 가장 이상적인 영양분으로 모유수유는 영양학적, 면역학적, 감염학적, 그리고 심리학적으로도 인공 수유보다 우수한 것으로 밝혀졌습니다. WHO와 UNICEF에서도 모유 수유를 받은 아동이 인공 수유를 받은 아동에 비해 호흡기질환이나 소화기계질환, 변비, 알러지 이환율이 낮으며 정신적 안정감을 갖는데 기여한다고 합니다. 또한 산모 입장에서 보면, 젖을 먹일 때마다 자궁이 수축되므로 자궁의 회복에 도움이 되며, 유방암과 난소암, 제2형 당뇨병 발생율을 감소시키고, 모체의 산후 비만을 막아 줍니다.• 따라서 엄마가 질병을 앓는다거나 하는 특수한 경우를 제외하고는 모유를 먹이는 것이 가장 이상적이라 하겠습니다.

우리나라 모유 수유 추이는 1980년대, 1990년대까지는 수유율이 높았으나, 산업화와 모유 수유에 대한 인식 부족과 지지 정책 부재로 2000년 최저 수준을 보이다가 그 이후 모유 수유율이 향상되었으나 산후 6개월시 완전 모유 수유율이 급격히 감소한다고 보고 되고 있습니다. 외국의 모유 수유율에 대한 자료는 국가마다 조사 방법이나 연구의 질에 차이가 있어 단순 비교는 어려우나, 스웨덴의 모유 수유율은 매우 높으며, 영국이나 미국의 모유 수유율도 지속적으로 향상되는 추세를 보이고 있다고 합니다.

• 한국보건사회연구원, 앞 논문

이제 모유 수유의 장점은 많이 알려진 상황인데 모유 수유율이 높지 않은 데에는 엄마의 직장생활 등의 이유가 있을 것입니다. 아기에게는 물론 엄마에게도 좋은 모유 수유를 원만히 할 수 있도록 사회적인 배려와 정책의 도움이 절실히 필요한 상황입니다.

아기에게 젖 주기는 마음 주기다

서양의 연구에서도 영아기에 모유를 먹은 아이들이 아동기가 되었을 때 인지 측면에서 현저한 발달을 보였다고 보고하고,* 우리나라 연구(한국보건사회연구원, 앞 논문)에서도 모유 수유를 받은 아동의 지능 지수가 높은 것으로 역학적으로 규명되었다고 하니, 자녀의 학업 성취에 관심이 많은 엄마라면 모유 수유부터 관심을 두는 것이 좀 더 과학적인 접근이 될 것입니다.

젖 주는 시간 간격에 관해서는 '규칙적으로 정해 놓고 먹이는 것이 좋은가?' '아기가 원할 때 주는 것이 좋은가?' 하고 오랜 시간 논의되어 오다가, 근래에 와서는 규칙적인 수유의 불합리한 점들

* MR Rao, ML Hediger, RJ Levine, AB Naficy, T Vik, Effect of breastfeeding on cognitive development of infants born small for gestational age, 2002

이 드러나면서 아기가 원하는 시간에 젖을 주는 쪽으로 권장되고 있습니다. 성교육 측면에서도 다행스러운 일입니다.

'먹고 싶다'는 의사가 무시될 때 아기는 수동적으로 길들며, 매사에 자기 뜻이 관철될 때까지 울며 떼쓰는 어린이로 성장하기 쉽습니다. 또한 격렬한 성격의 소유자가 될 수도 있기 때문에 아기가 원할 때는 충분히 젖을 먹이는 것이 좋습니다.

우리 할머니들이 '젖 주기는 심정心情 주기'라고 하면서, 수유를 통해 영양 보충만을 생각한 것이 아니라 애정을 주고자 한 태도는 오늘날에도 높이 살 만합니다.

대소변 훈련에 과민해하지 말자

대소변을 통제할 수 있는 근육과 신경은 생후 6~7개월이 지나야 성숙합니다. 그 이전의 아기는 반사적으로 소변과 대변을 배설하게 됩니다. 6~7개월이 되어 근육과 신경이 성숙했다고 해도 뇌에서 조절할 수 있는 것은 아닙니다. 적어도 한 살 반에서 두 살 정도가 되어야 자신의 의지로 대소변의 통제가 가능합니다. 사람의 배설 기관은 생식기와 인접해 있어 배설 작용을 조절하고 자제하는 과정을 무난히 넘긴다는 것은 성교육과도 깊은 관련이 있습니다.

배변을 자기 뜻대로 조절해 보려고 하는 것은 아기들에게는 일종의 자율성에 대한 시도입니다. 때문에 에릭슨도 한 살 반에서 네 살까지를 자율성 단계로 보고 이때 자아에 대한 인식이 싹트기 시작한다고 했습니다. 또 대소변 훈련을 너무 일찍부터 강압적으로 시키면 성기에 대한 수치심과 죄의식을 갖는다고 합니다.

프로이트는 구순기 다음 단계를 항문기라 불렀는데, 대소변 가리기 및 항문과 관련된 행동을 통해서 인성 발달이 이루어지는 시기라고 했습니다. 즉, 이때가 자기 조절력 및 자율성에 대한 기초 능력과 자존심이 싹트는 시기이기 때문에 대소변 훈련을 시킬 때 부모가 어떤 태도와 방법을 취하느냐에 따라 아이가 그것을 각기 다르게 내면화해 인성에 영향을 끼친다는 것입니다.

배변 훈련,
느긋하게 해도 괜찮다

이 시기 아이들은 자기 배설물에 관심과 흥미를 갖고 만지며 놀려고 합니다. 자기 행위의 결과물에 애착을 갖는 것입니다. 이때 어른들이 "에그 더러워" 하며 펄쩍 뛰는 경우가 많은데, 이런 태도는 좋지 않습니다.

물론 아기의 배설물이라고 해서 깨끗한 것은 아니며, 따라서 만지고 노는 것이 바람직한 행동도 아닙니다. 그러나 그것을 소유하려는 욕망은 정상적이고 보편적입니다. 부모가 배설물을 불결하게 취급하면 아기는 배설물뿐 아니라 자신의 배설 기관까지도 더럽고 수치스럽게 생각합니다. 배설물을 치울 때는 얼굴을 찡그리지 말고 깨끗이 씻어 주세요.

우리 조상들은 '똥이 촌수를 가린다' '아기 똥오줌은 좋은 약이다'라고 하면서 자녀의 배설물을 조금도 더럽게 생각하지 않았습니다. 이처럼 대소변 훈련에서도 지혜로운 양육 태도를 갖고 있었습니다.

훈련의 시기 역시 중요합니다. 그 시기는 당연히 아기의 신경근육이 성숙하여 배설 욕구를 알아차리고 욕구를 조절할 수 있는 시기여야 합니다. 옷을 추스를 수 있고 어떠한 형태로든 의사 표현이 가능할 때여야 합니다. 일반적으로 대변은 소변보다 일찍 가리게 되어 13~15개월이 되면 가능하고, 소변은 20개월 정도 되면 가리게 됩니다. 그리고 24~30개월이 되면 혼자 용기를 사용할 수 있습니다. 아이들의 성숙 정도를 고려하여 훈련 시기를 맞추는 것이 필요합니다.

아이의 몸이 준비되지 않았는데 대소변 가리기를 강요하거나, 실수했을 때 몹시 나무라면 자율성도 부족해지거니와 성기와 죄의식을 결부시키는 좋지 못한 결과를 불러올 수 있습니다. 자기 성기가 매 맞을 짓을 했다고 생각하는 것은 훗날 성행위에 죄의식을 결부시키는 원인이 될 수 있습니다.

아기의 항문 괄약근은 조절이 안 되는 데 강압적으로 훈련하여 부모에게 심한 두려움을 갖는 아기는 성장하면서 항문기적 성격의 소유자가 될 가능성이 높습니다. '항문기적 성격'이란 청결·질서·정돈·굴종·세밀성 등이 특징이며, 부모에게 분노하여 고착될 때는 불결하고 완고하고 믿음 없고 반항적인 성격을 갖게 된다고 합니다.

시간에 맞춰 유아용 변기를 갖다 놓고 참을성 있게 기다리다가 막 치우고 나면 싸 버린다고 호소하는 엄마들이 의외로 많습니다. 엄마들이 너무 일찍 배변에 신경을 곤두세우면 아기들은 신경이 쓰여 근육 조절이 자율적으로 되지 않습니다. 실제로 18개월 이후에 습관을 들이기 시작한 경우가 12개월 전에 시작한 경우보다 습관 형성이 빨랐다는 연구 결과도 있습니다. 일찍 시작하면 일시적으로 한두 번 엄마의 요구를 들어주기는 하지만 또다시 금방 뜻대로 되지 않는 경우가 생길 수 있습니다.

대부분 아기는 체질에 따라 일정한 시간에 변을 봅니다. 보통은 자고 일어난 다음 변기에 앉혀 봅니다. 그러나 변을 안 본다고 해서 변이 나올 때까지 너무 오래 앉혀 두는 것은 좋지 않습니다.

배변 훈련을 시킬 때, 아이가 배변 행위에 대해 불결하다고 느끼지 않도록 주의해야 합니다. 편안하게 배변시키고 변을 보았을 때는 '잘했다'고 칭찬해 주세요. 또 바지는 벗고 입기 쉬운 것으로 마련해서 급할 때 보채지 않도록 하는 것이 좋습니다. 옷에 실수로 배변했을 때도 깜짝 놀라 번쩍 들어 변기에 앉힘으로써 배변이 중단되게 하는 것은 좋지 않습니다.

대소변 훈련은 몸이 충분히 준비되었을 때 좋은 기분으로 느긋하게 시작하도록 도와주세요. 두 살 반 정도가 되면 자연히 혼자 의사 표시를 하고, 옷을 벗길 때까지 배변을 기다릴 수 있습니다.

4

관심은 충분히,
간섭은 적절히

유아기(3~6세) 성교육

아이들이 성적 놀이를 하는 것은 성적 쾌감을 알아서가 아닙니다. 주위 현상을 흉내 내고 단순한 호기심에서 되풀이하는 경우가 더 많습니다. 이러한 행동은 건전한 환경에서 정상적으로 자라는 아이들에게도 흔한 일입니다. 성장 과정의 일면이므로 특별히 놀랄 일은 아닙니다. 성적 놀이를 부끄럽다고 느끼지 않고 노골적으로 장난하는 것은 오히려 단순한 경우이니 크게 신경 쓰지 않아도 됩니다. 그러나 다른 사람의 눈을 피해 가며 즐긴다면, 부모가 살펴보면서 다른 놀이로 흥미를 전환시켜 주는 것이 좋습니다.

손장난은 해로운가?

돌이 되기 전의 아기가 한때 손가락을 빨듯이, 대부분 아이는 가끔 성기를 만지작거리며 놉니다. 성기를 만지는 장난도 자기 신체의 여러 부분을 발견하여 각기 다른 신체 부위가 주는 다른 감각을 인식하는 과정입니다.

특히 심심하거나 욕구가 좌절될 때 '무슨 즐거운 일이 없을까?' 하다가 우연히 만지게 되는 경우가 많습니다. 그러다가 서너 살이 되면 남자아이든 여자아이든 성기를 만지면 일종의 쾌감이 생긴다는 것을 알게 되고 스스로 성기를 자극하기도 합니다. 물론 이러한 행동은 건전한 환경에서 정상적으로 자라는 아이들에게도 흔한 일입니다. 성장 과정의 일면이므로 특별히 놀랄 일은 아닙니다.

이때 느끼는 쾌감은 어른이 느끼는 감각과는 질과 강도에서 다릅니다. 다른 부위보다는 예민하게 느껴지기 때문에 만져 보고 싶어 하는 것입니다. 따라서 일시적인 손장난은 모른 척 넘어가면 자연히 없어집니다. 다만 심해져서 습관적인 행동이 될 경우에는 문제가 됩니다. 아이가 성기를 만질 때 "왜 거기를 만지니? 더러워, 손 씻어!" 또는 "그곳을 만지면 벌레가 나와. 아유 무서워!"라고 반응하면, 아이는 성기가 더러운 것이라는 생각을 갖기 쉽습니다. 그러면 버릇이 고쳐지기는커녕 어른의 눈을 속여 가며 더 자주 만지게 됩니다.

우선 부모는 왜 자녀가 성기를 만지게 되었는지 그 원인을 조심스럽게 알아보아야 합니다. 엄마가 갑자기 젖을 떼려 할 때 젖꼭지 대신 성기를 만지기도 하고, 음부가 청결하지 않아서 가려워 긁기 시작한 것이 습관이 되어 만지기도 합니다. 친구나 장난감이 너무 없어 심심해서 만지는 경우도 있습니다. 또 너무 꼭 끼는 바지를 입힐 경우 성기가 자극되어 신경을 쓰다가 손이 가게 되는 경우도 있습니다. 결벽증을 가진 부모가 변을 볼 때마다 성기를 씻어 주고 씻을 것을 강요하면 신경이 쓰여서 오히려 손이 자꾸 그곳으로 가게 됩니다.

성기를 만지는 장난은 무의식적으로 하는 경우와 쾌감을 얻기 위해 의식적으로 하는 경우가 있으니 잘 파악하여 지도하는 것이 바람직합니다.

아이의 자위행위,
증상이 아니라 원인을 보자

그러면, 이 두 현상을 어떻게 구별할까요? 쾌감을 얻기 위한 자위행위를 할 때는 얼굴이 상기되고 성기를 무엇에든지 비비려고 듭니다. 흔히 테이블 모서리나 인형을 이용하는 경우를 볼 수 있습니다. 그렇지 않고 무심히 만지는 경우 무의식적인 행동이라 표정이 멍한 것이 보통입니다. 여기에 대한 예방과 치료로는 우선 생활환경을 청결하고 건전하게 만들어 주고, 그 원인을 정확하게 알아서 대처하는 것입니다.

하의를 벗었기 때문에 생기는 일이라면 바지를 입히면 되고, 가려워 긁어서 생기는 일이라면 그곳을 잘 살펴 구충제를 먹이거나 깨끗이 씻어 주고 아기 분을 발라 청결하게 해 주면 됩니다. 즐거운 일이 너무 없어 무료해서 그러는 것이라면 더 교육적이고 즐거운 환경을 마련해 아이 혼자 보내는 시간을 줄일 필요가 있습니다.

쾌감을 느끼기 위해 만지거나 비빌 때, 손을 때리거나 나무라거나 벌을 주는 것은 죄의식만 조장할 뿐 아무런 효과가 없습니다. "얘야! 그곳은 중요한 곳이란다. 자꾸 만지면 균이 들어가 병이 생길 수도 있단다. 깨끗이 씻어 줄 테니 이젠 만지지 마라." 차라리 이렇게 친절히 가르쳐 주면서 아이가 좋아하는 장난감을 주거나 재미있는 이야기로 관심을 돌리는 것이 다소 시일은 걸리더라도 효과는 더 큽니다. 아이들의 관심은 즉각 바뀔 수 있어서 다른 곳으로 관심을 유도하면 지금까지 하던 일을 까맣게 잊고 금방 다른 일에 몰두합니다.

어른들은 이런 버릇을 고쳐 주려는 생각으로 때로는 당치도 않은 거짓말로 아이들을 위협하는 경우가 종종 있습니다. 예를 들면, 남자아이에게는 '자꾸 만지면 고추가 떨어질 것'이라고, 여자아이에게는 '무서운 병에 걸린다'고 말합니다.

이런 말들은 효과도 없을뿐더러, 어른들이 상상하는 이상의 공포심과 죄의식을 갖게 해서 그 장난 자체가 미치는 해로움보다 훨씬 더 큰 정신적 해독을 가져올 수 있습니다. 스스로 몹쓸 아이라고 생각하고 자존심을 다치고 열등감을 느끼고 이성을 기피하는 인성이 될 수도 있습니다. 실제로 성기를 만지는 장난이 아이 신체에 미치는 직접적인 해와 독이란 간혹 국부에 약간의 염증을 일으키는 정도이니 서둘러 위협하는 성급함보다는 신중하게 접근하는 것이 좋습니다.

부모는 자녀 혼자 화장실에 너무 오래 들어가 있지 않은지 잘 살펴봐야 하며, 아침에 자고 일어나면 바로 이불에서 나와 자리를 정리하도록 가르쳐서 성기에 너무 관심을 둘 기회를 주지 않는 것이 좋습니다.

결론지어 말하면, 다만 유아기 자녀의 경우 성기에 대한 손장난 그 자체의 해독은 우려할 필요가 없습니다. 그러나 일상생활이 대체로 만족스럽지 못한 불행한 아이의 공허감을 나타내는 진단적 징후일 수도 있으므로, 이러한 아이들에게는 애정과 관심을 보이면서 생활을 재미있게 만들어 주는 주변 어른들의 적극적인 자세가 필요합니다.

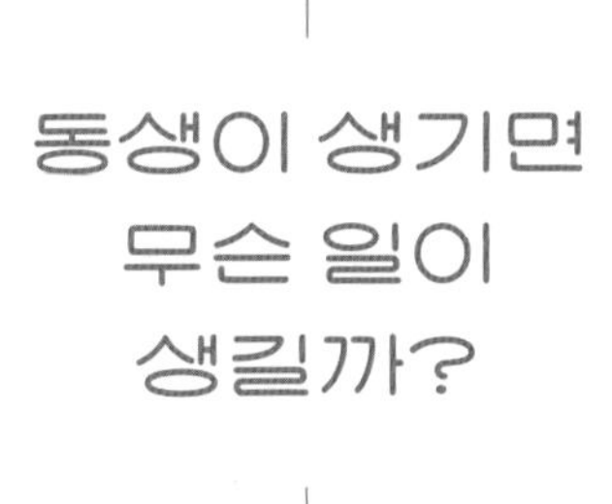

동생이 생기면 성교육의 좋은 기회

아이가 서너 살이 되면 동생이 생기는 경우가 많습니다. 세 살쯤 되면 자기 자신이나 주변 사람들의 성별性別에 관심을 보이는데, 성기의 외형에 대한 질문이 시작되는 때이니 동생이 생기면 성교육의 좋은 기회가 생기는 셈입니다. 연년생 터울이라면 설명하기 쉽지 않지만, 말귀를 알아듣는다면 동생이 생긴다는 사실을 미리 말해 줍니다.

나이가 어릴 경우, 분만에 가까워진 후에 이야기하는 것이 좋은데, 미리 알려 주면 아이가 동생을 오래 기다리면서 지루해할 수 있습니다. 네 살 정도의 아이라면 아기 옷과 이부자리 준비 무렵부터 부모와 함께 기쁜 마음으로 기다릴 수 있게 합니다.

어느 날 불쑥 병원에서 동생을 데려와 하루아침에 애정을 송두리째 빼앗겼다고 느끼게 하기보다는 엄마의 부른 배를 손으로 만져 보게 하면서 아기가 움직이는 것을 알게 해 주고, 생명의 신비로움을 어렴풋이나마 느끼게 해 주세요.

배가 더 불러 아기가 나올 때쯤에는 "엄마가 병원에 가서 의사 선생님의 도움을 받아야 해서 얼마 동안 엄마가 집을 비우게 된다"는 이야기도 해 주세요.

이때 "동생이 생기면 너하고 같이 놀기도 하고 아주 예쁘니까 업어 주고 안아 주어라"는 이야기는 삼가는 것이 좋습니다. 막상 갓 태어난 동생을 보면 얼굴은 새빨갛고 눈도 못 뜨며 고개도 못 가누는 것을 보고 실망할 테니까 말입니다. 갓난아기는 아주 작고 어려서 한동안 젖만 먹고 자고 또 엄마가 자주 안아 주어야 한다고 미리 말해 주는 것이 좋습니다.

애정과 질투를 동시에 느낀다

기쁜 마음으로 기다리다가도 막상 동생을 보게 되면 시샘을 내는 경우가 많습니다. 이런 경우에 대비해서 서양에서는 미리 동생으로 삼을 수 있는 인형을 마련해 그 인형을 때리기도 하고 사랑해 주기도 하면서, 동생에 대한 애증의 갈등을 해소하게 하기도 합니다. 그런가 하면 우리 선조들은 '처음 끓인 산모의 미역국을 큰아이에게 먼저 먹이면 동생을 시샘하지 않는다'는 매우 쉽고 슬기로운 가르침을 가지고 있었습니다. 이렇게 하면 주위 사람들이 아기에게 관심을 가질 때 애정을 빼앗겼다고 섭섭해하기보다는 내 동생이 생겼기 때문에 나도 기쁘다고 느낄 수 있습니다. 목욕할 때도 손을 한번 잡아보게 해 준다든지, 기저귀를 갖다 달라고 부탁한다든지 하세요. 언니나 형으로서 으쓱해지도록 해 주는 것이 좋습니다.

그러나 아무래도 애정이 나뉘는 데 불만이 있을 터이니 큰아이가 상심하지 않도록 다른 식구들이 협력해서 배려해야 합니다. 말을 할 줄 아는 아이는 동생이 생기면 질문이 많아지니 이때를 성교육의 기회로 활용하면 효과적입니다.

요즈음은 출산 문화가 바뀌어 우리나라에서도 가족 분만실을 운영하는 병원이 늘고 있습니다. 서양에서는 초산이 아닌 경우 자녀들도 동참하여 엄마의 출산 과정을 지켜보게 합니다. 그러나 이런 문화가 낯선 우리나라에서는, 동생의 탄생을 기뻐하는 첫 자리에 동참시키는 게 좋을 것입니다.

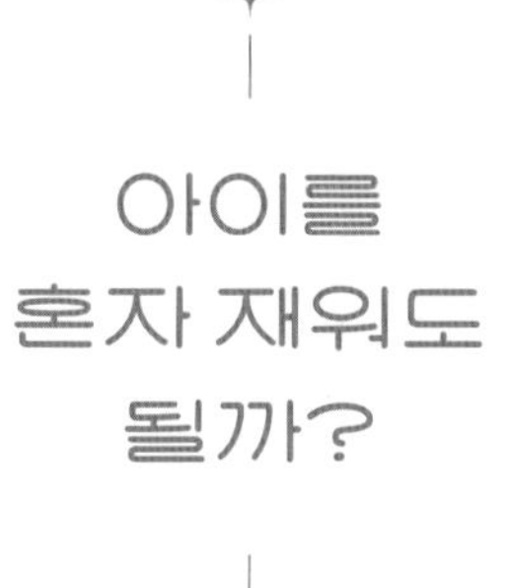

아이를 혼자 재워도 될까?

잠자리는 어떻게 마련해 줄까

요즘 엄마들 중에는 아기방을 예쁘게 꾸며 갓난아기 때부터 따로 재우는 분들도 적지 않습니다. 따로 재우자니 안타깝고 같이 데리고 자자니 교육상 좋지 않을 것 같아 망설이는 부모들도 있겠지요. '돌까지만' '학교 들어갈 때까지만' 하면서 떼어 놓을 기회를 보고 있는 부모들도 있을 테고요. '어떠한 잠자리를 갖게 하느냐'

하는 것은 넓은 의미의 성교육에 영향을 미치는 문제입니다.

외국 사람들은 대체로 부모와 아이가 침실을 같이 사용하는 것을 바람직하지 않은 일로 여깁니다. 원칙적으로 부부만이 한 침실을 사용하고, 아기는 태어나면서부터 다른 방에 재웁니다. 부득이한 경우라도 아기 침대를 따로 장만해 방 한구석에 둡니다. 남매끼리도 보통 대여섯 살이 지나면 침실을 따로 씁니다.

그러나 우리 전통 사회에서는 빈방에 아기를 혼자 재우지 않았으며, 엄마 품에 안고 팔베개를 해서 재우는 것을 엄마와 아기에게 가장 편안한 방법이라고 여겼습니다. 이런 상반된 양상을 어떻게 받아들여야 할까요?

독립심만큼 정서적 안정도 중요하다

서양 부모들이 아기를 데리고 한방에서 자지 않는 이유는, 아이들이 우리가 알고 있는 것보다 더 잘 보고 들을 수 있다고 생각하기 때문입니다. 구체적으로 무슨 일이 일어나는지 모른다 해도, 밤에 부모의 성행위를 어렴풋이나마 듣거나 봄으로써 무서운 꿈을 꾸게 되고 공포를 느끼게 되므로, 틀림없이 나쁜 영향을 받으리라고 생각하는 것입니다.

실제로 3~4세의 아이들은 자는 척하지만 그렇지 않은 경우도 있고, 오줌이 마려워 깼다가 우연히 부모의 비밀 행위를 목격하는 경우도 있습니다. 이때 아이들은 부모의 행위를 자칫 싸움이나 위험한 일로 오해하고 놀랄 수 있습니다. 그러므로 일찍부터 아이들을 부모 곁에서 떼어 놓는 습관을 들여야 한다고 말합니다.

그러나 아무리 어릴 때부터 따로 자는 습관을 들여도 엄마 아빠 곁에 있기를 좋아하며, 밤이 되면 엄마 품을 더 그리워하는 것은 동서양 아이를 막론하고 같습니다. 만일 아이가 자다가 무서운 꿈을 꿔 캄캄한 방에서 벌벌 떨고 새파래져서 잠을 못 자고 있는데 독립심을 길러 준다고 돌봐 주지 않는다면 아이 입장에서는 억울할 만큼 서운한 일일 겁니다. 대여섯 살 된 아이들도 가끔 자다가 부모 방문을 두드리는 일이 있는데, 갓난아기들은 얼마나 엄마 손길을 필요로 하겠습니까. 울음 말고는 표현할 길이 없으니 더 딱합니다.

서양의 어떤 육아서는 밤에 두꺼운 기저귀를 채우면 아침까지 갈아 주지 않아도 되고, 또 한밤중에 울 때 엄마가 옆에 있으면 돌봐 주게 되니 다른 방에서 재우라고 말합니다. 30분만 혼자 울게 내버려 두면 지쳐서 잠들게 되고, 그다음 날부터는 점차 우는 시간이 짧아져 나중에는 울지 않는다고 쓰여 있습니다.

실제로 이렇게 길든 아이 중에는 밤이 되면 잠자리에 들기 싫어하는 아이들이 많습니다. 그래서 부모들은 낮에 아이들이 말을 안 듣거나 잘못하는 일이 있으면, “그렇게 하면 너 오늘 일찍 재울 거야”라고 위협함으로써 잠자리와 벌칙을 연관시키는 일이 많습니다. 이것은 후일 침실과 죄의식을 결부시켜 생각하게 하는 데에도 영향을 미칩니다.

언제 어떻게 따로 재울까?

이제 우리나라에서도 어릴 때부터 자기 방을 가지는 아이들이 적지 않습니다. 그래도 어린 자녀의 경우, 대부분 부모가 데리고 잡니다. 그러나 이 때문에 부부 생활에 불만이 쌓일 수도 있고 언제까지 부모가 자녀를 같은 방에 데리고 잘 수도 없는 문제여서, 여기에는 적절한 가이드라인이 필요합니다. 언제 어떻게 아이를 부모의 잠자리에서 떼어 놓을 것인가?

그 시기는 아이들이 대소변을 가리게 된 후, 밤에 혼자 일어나 소변을 볼 수 있을 때 정도가 좋습니다. 강제적으로 떼어 놓지 말고 자녀의 이해와 협조를 얻는 것이 중요합니다. 만일 자발적으로 받아들이기만 한다면 연령에 구애받지 않고 그 시기를 택할 수 있습니다.

부모와 떨어져 혼자 자야 하는 경우에는 어떤 계기를 마련하는 것이 좋습니다. 마침 방이 많은 집으로 이사를 한다면 "따로 네 방을 마련하자"고 하거나, 새 침대와 책상을 들여올 때라면 그것을 계기로 삼아 따로 자게 함으로써 독립성을 가진 아이로서의 긍지를 갖게 하면, 아이는 혼자 자는 것을 좀 더 쉽게 받아들이고 어른스러워질 수도 있습니다. 자아 발달을 위해서도 보통 서너 살 이후에는 따로 재우는 방향으로 노력하고, 늦어도 초등학교 들어가기 이전에는 해결해야 합니다. 부모와의 분리 수면이 쉽지 않았다면 초등학교 입학 준비 과정에서 좋은 기회를 가질 수 있습니다.

남매 사이에는 몇 살부터 따로 재우는 것이 좋은지도 생각해봐야 할 문제입니다. '남녀칠세부동석'이라는 옛말도 있듯이 여러 가지 의미에서 학령기 이전에 방을 따로 쓰도록 하는 것이 좋습니다. 남매끼리라고 편하게 생각해서 사춘기가 되도록 한방을 쓰게 하는 것은 적절하지 못합니다.

아이가 혼자 자는 상황이 걱정되는 경우라면 가정용 CCTV를 아이 방에 설치해서 아이의 잠자리를 방해하지 않고 수면 상태를 확인하는 것도 좋은 방법일 것입니다.

아이의 성적 놀이를 어떻게 할까?

성 역할 놀이

유아에게는 놀이가 생활의 전부라고 해도 과언이 아닙니다. 아이들이 가장 좋아하고 많이 하는 놀이는 가정생활을 반영시킨 '성 역할 놀이'입니다. 보통 두세 살짜리 아이는 친구가 옆에 있어도 같이 놀 줄 모르고 혼자 따로 노는데, 이때는 성 역할 개념이 뚜렷하지 않아 남자아이도 소꿉장난하며 밥상을 차리고, 여자아이도 권총이나 탱크를 갖고 놀곤 합니다. 이때 부모가 남자아이와 여자아이에 따라 각각 다른 역할을 기대하여 남성, 여성의 성 역할을 고정시키지 않도록 주의해야 합니다.

오히려 이 무렵의 아이들에게는 다른 성의 역할을 해 볼 수 있는 기회가 필요합니다. 굳이 배려하지 않아도 됩니다. 많은 경우, 남자아이라고 해서 엄마 옆에서 빨래 주무르기를 꺼리거나, 여자아이라고 해서 태권 V 로봇을 싫어하지 않습니다. 그들이 흥미를 나타내는 놀이에 부모가 참견하여 성 역할에 대해 언급하지 않도록 주의하세요.

다그치지 말고 잘 살펴보자

아이들이 특히 좋아하는 것은 병원 놀이입니다. 어떤 어린이든지 병원에서의 경험은 가정생활과는 좀 다른 특별한 것입니다. 대부분 아이들이 나름대로 병원 체험을 하기 때문에 병원 놀이는 흥미로운 유년기 놀이영역으로 자리 잡습니다. 요즈음은 병원 놀이 장난감이 많이 보급되어서 쉽게 의사와 간호사, 환자의 역할을 해 볼 수 있습니다. 이러한 병원 놀이는 자신과 다른 사람의 신체에 대한 호기심을 만족시킬 수 있다는 점에서, 또 병원 특히 주사에 대한 두려움을 밖으로 표현해 봄으로써 불안감을 덜어 낼 수 있다는 점에서도 좋은 놀이입니다.

이때 아이들은 신체 각 부분의 노출이 정당하게 합리화되는 것을 대단히 즐거워하는 눈치입니다. 특히 바지를 내리거나 치맛자락을 들쳐 엉덩이에 주사를 놓고 맞는 것을 가장 매력적으로 여기는 듯합니다. 서로 진찰하고 약을 주는 정도라면 모른 척하는 편이 좋으나, 성기를 만지며 낄낄거리고 논다든지, 눕혀 놓고 성기를 들여다본다든지 하면 부모가 자연스럽게 관심을 다른 곳으로 이끌어 놀이를 멈추게 해야 합니다.

이때 호들갑스럽게 야단칠 필요는 없고, "주사는 상처가 날 수 있으니 옷 위에다 놓거나 인형에게 놓아야 한다"고 부드럽게 타일러 팬티를 벗기는 일은 못 하게 하면 됩니다. 정도가 심해질 것 같으면 부모가 관심을 두고 있다는 것을 나타내면서 놀이에 자연스럽게 끼어듭니다. 의사가 되어 같이 노는 척하다가 이제는 기차놀이를 하자며 슬쩍 놀이를 바꾼다든가 다른 놀이가 더 재미있을 것 같다고 제의하며 놀이의 종류를 바꾸어 주세요. 어쨌든 병원놀이가 지나친 성적 놀이가 되지 않도록 주의와 관심을 기울여야 합니다.

심할 경우에만
조심스럽게 개입한다

유아들은 대체로 방귀·똥·젖꼭지·배꼽·똥구멍 같은 용어를 쓰며 매우 재미있어합니다. 《누가 내 머리에 똥 쌌어》(베르너 홀츠바르트 글, 볼프 에를브루흐 그림, 사계절, 2008)와 같은 책을 보면서 즐거워하는 태도에서도 잘 알 수 있습니다. 아이들은 웃고 떠들며 장난칠 때 주로 이런 말을 쓰는데, 전문가들은 이런 표현을 어느 정도 용납하고 허용하는 것이 정상적인 정서 발달에 도움이 된다고 봅니다.

그러나 이러한 성적 장난이 가벼움의 수준을 넘어 친구에게 심리적 상처를 주는 일은 막아야 합니다. 예를 들어 '똥침'이라고 하여 두 손으로 항문을 갑자기 공격하는 행동이나 '똥침을 놓겠다'며 따라다니는 행동의 경우, "이것은 상대에게 괴로움을 주는 행동이므로 해서는 절대 안 된다"고 가르쳐야 합니다. "네가 그러한 장난의 대상이 된다면 얼마나 속상하겠느냐"고 물어보면서 역지사지易地思之의 마음으로 타인을 배려하도록 가르쳐야 합니다.

또 아이들은 소변을 보는 것을 신기하게 여겨 서로 들여다보거나 성기를 내놓고 자랑하며, 남자아이들끼리는 '누가 오줌을 더 멀리 눌 수 있는가' 내기도 합니다. 이때 도가 지나치다 싶으면 부모가 좋은 말과 방법으로 지도해 주세요.

"성기는 매우 중요한 것이기 때문에 함부로 내놓고 장난치는 것이 아니란다. 아빠나 엄마뿐 아니라 네 주위의 모든 사람이 다 내놓지 않잖니?" 하고 현실적인 예를 들어 타일러 주어야 합니다.

아이들이 성적 놀이를 하는 것은 성적 쾌감을 알아서가 아닙니다. 주위의 현상을 흉내 내고 단순한 호기심에서 되풀이하는 경우가 더 많습니다. 성적 놀이를 부끄럽다고 느끼지 않고 노골적으로 장난하는 것은 오히려 단순한 경우이니 크게 신경 쓰지 않아도 됩니다. 그러나 다른 사람의 눈을 피해 가며 한다면, 부모가 살펴보면서 다른 놀이로 흥미를 전환시켜 주는 것이 좋습니다.

부모의 나체를 보여도 괜찮을까?

유아들은 저희끼리도 그렇지만 어른이 평소와 다르게 맨살을 많이 노출하면 호기심을 갖고 만져 보려 하고 간질이려 합니다. 특히 맨살에 안겨 보고 싶어 하는데 이런 현상은 스킨십을 원하는 본능 때문입니다.

'아이에게 어른의 나체를 보여 줄 것인가'는 생각해 볼 만한 문제입니다. 어떤 가정에서는 목욕하러 욕실에 갈 때 어른들이 일부러 방에서부터 옷을 벗고 들어가기도 하고, 부모가 이성의 자녀를 데리고 목욕하기도 합니다. 두세 살 정도의 아이를 이성의 부모가 목욕시키거나 대중목욕탕에 데리고 가는 것은 남녀의 해부학적 차이를 자연스럽게 가르쳐 줄 좋은 기회가 될 것입니다. 어른의 신체에 무슨 비밀이 있는 것처럼 굳이 감출 필요는 없습니다.

평소에 아빠 엄마가 자연스럽게 애정 표현을 하고 목욕도 같이하며, 옷을 갈아입다가 아이가 봐도 지나치게 당황하거나 몸을 숨기지 않고 별일 없다는 듯 행동하면 아이들은 나체에 대해 이상한 호기심이나 부끄러움을 갖지 않습니다.

부모의 성교는
아이에게 보이지 않아야 한다

이처럼 이성 부모의 나체 모습이 자연스레 노출되는 것은 아무래도 유아기까지가 바람직합니다. 우리 사회에서도 2020년부터 대중목욕탕 이성 출입 금지 연령이 만 5세에서 만 4세(48개월)로 하향 조정되었습니다. 말하자면 남아가 엄마를 따라 여탕 목욕실과 탈의실에 출입하는 것이나, 여아가 아빠를 따라 남탕 목욕실이나 탈의실에 출입하는 것이 만 48개월이 지나면 공중위생관리법 시행규칙에 따라 법적으로 금지된다는 것입니다. 사회의 통념은 상식인 만큼 가정에서도 자연스러운 일로 참고하면 되겠습니다. 물론 동성 부모와의 목욕은 언제까지라도 몸에 관해 이야기를 나눌 수 있는 기분 좋은 기회가 될 것입니다.

나체를 보이지 않으려고 하거나 부끄러워하는 감정은 우리 사회에서는 어느 정도 당연한 일이고 또 사회적으로 요구되는 일이기도 합니다. 아이의 이런 호기심은 6~7세가 되면 거의 없어지고 목욕하거나 옷을 갈아입을 때 자기의 성기를 감추며 부끄러워하는 감정이 자연히 생기게 되므로 미리 강요하거나 억누를 필요는 없습니다. 유아기에는 부모와 자녀 사이에 지나치게 엄격한 거리를 둘 필요는 없습니다. 오히려 특별한 느낌 없이 나체를 볼 수 있는 어린 시기에 자연스럽게 남녀의 신체적 차이를 이해시키는 것이 도움이 됩니다.

또 한 가지, 부모와 아이가 한방에서 자야 하는 경우도 있으므로, 자칫 부모의 부주의로 아이들에게 보여서는 안 될 장면을 보이는 수가 있는데, 이 경우에는 어떤 연령의 자녀라도 큰 충격을 받습니다. 한 번의 실수라도 성교육 측면에서 자녀에게 미치는 영향은 지대하니 각별히 조심해야 할 일입니다. 부모의 비밀스러운 사생활을 아이들에게 들키는 실수는 하지 말아야 합니다.

그러나 만약 아이가 이 광경을 보고 놀라서 울 경우, 너무 당황하지 말고 이런 이야기로 위로하고 안심시킵니다.

“울지 마라. 싸우는 게 아니란다. 엄마 아빠가 서로 좋아서 껴안은 것이란다. 엄마가 너를 좋아할 때도 껴안아 주지 않니?”

이런 일을 미연에 방지하기 위해서는, 부득이 아이와 한방을 써야 할 경우에도 아이의 정서를 먼저 배려하는 부모가 되어야 하겠습니다. 또한 아이가 남의 방에 들어갈 때는 부모 방이라고 하더라도 노크하는 습관을 유아기부터 몸에 익히는 것이 좋습니다. 이 습관은 부모가 유아기 자녀의 방에 들어갈 때도 노크하는 모습을 보여 주는 것이 선행되어야 하겠지요.

유아기 성폭력 예방을 위하여

평소에도 자기 의사를 표현할 수 있도록 길러 주어야 한다

지금까지 성폭력이라는 말은 성인끼리의 관계에서나 쓰는 용어로 알고 있었습니다. 그러나 최근에는 유아를 대상으로 한 성희롱이나 성추행 사건들도 적잖이 일어나고 있어 가정에서도 유아기부터 성폭력에 대비시키는 교육에 관심을 두지 않을 수 없습니다. 우려할 만한 현실이지만 역시 '아는 것이 힘'인 만큼 유아도 자기 몸을 스스로 지킬 수 있도록 가르칠 수밖에 없습니다.

성희롱이란 음란한 말, 성기 노출 등 유아의 몸에 직접적으로 해는 없지만 정신적인 고통을 주는 행위를 말합니다. 성추행이란 아이의 성기 만지기, 가해자의 성기를 만지도록 하기, 키스를 포함하여 접촉하거나 집적거리기 등의 신체적인 행위를 말합니다. 그리고 성폭력이란 성희롱부터 강간까지 성과 관련된 모든 폭력을 말합니다.

성폭력 예방 교육에서는 우선 자기 몸이 매우 소중한 것이며 스스로 지킬 수 있어야 한다는 것을 알게 해야 합니다. 싫고 좋음과 옳고 그름에 대해 자기 의사를 표현할 수 있도록 자신감을 길러 주는 것이 필요합니다. '어른의 말을 잘 들어야 착한 아이'라는 생각 때문에 아이들은 어른이 시키는 것에 대해 '안 된다'는 생각을 하기 어렵습니다. 평소에 자기 의사를 잘 표현할 수 있도록 자신감을 길러 주어야 합니다.

우리 몸 가운데 특히 속옷 안쪽의 신체는 가족의 보살핌을 받을 때나 병원에 갔을 때 등의 경우를 제외하고는 다른 사람이 함부로 보거나 만질 수 없다는 것을 가르쳐 주세요. 선생님이나 이웃의 좋은 사람이라고 하더라도 속옷 안쪽의 신체를 만지려고 하거나 비비려고 하면 당당하게 "안 돼요! 싫어요!" 하고 외치면서 도망쳐 주위 어른에게 알려야 한다고 가르치세요. 그리고 큰 소리로 외쳐 보게 합니다.

만약 무슨 일이 생기면 지혜롭고 용감해야 한다고 이르고 구체적인 방법을 알려 주세요. 음식이나 장난감 같은 것을 주는 등 지나치게 친절한 사람을 경계하기, 낯선 사람의 차에 타지 않기, 낯선 사람을 친구가 따라갈 때에도 주저 없이 어른에게 알리기 등을 아이가 충분히 인지할 수 있도록 알려 주세요.

성폭력을 당했다면
사고로 여겨라

유아에게 성폭력이 일어났을 경우 아이들은 충격으로 큰 상처를 받습니다. 성폭행의 상태에 따라 다르지만, 흔히 나타나는 증세는 잘 웃지 않고 우울해하며 잠을 못 잡니다. 혼자 있는 것을 두려워하고 아프다고 말합니다. 집중력이 떨어지고 어린이집이나 유치원 등 잘 다니던 곳에도 안 가려고 하며 부모에게만 매달립니다. 오줌을 싸거나 손가락을 빠는 등 퇴행 현상을 보이기도 합니다.

그리고 부모와 대화를 잘하던 아이가 아니라면 쉽사리 말을 꺼내지 못합니다. 아무래도 자기가 크게 혼나야 하는 잘못을 저질렀고 몸에 무슨 큰일이 일어났다고 느끼는 것입니다. 아이들이 평소와 다른 태도를 보이면 관심을 두고 살펴봐야 합니다.

아이에게 성폭행이 일어난 것을 알게 되었을 때 부모의 태도가 아이에게 매우 중요합니다. 부모가 울고불고 흥분하면 아이들은 정말로 두려움에 떨게 되고 상처는 더 깊어집니다. 성폭행을 당한 아이는 피해자이지 잘못을 저지른 사람이 아닙니다. 그 아이는 상처 없이 밝게 회복되어야 합니다. 사회의 어두운 짐을 그 어린아이에게 지워선 안 됩니다. 그러려면 부모는 마음을 진정하기 힘들겠지만 단순한 사고나 사건처럼 담담하게 반응하는 것이 좋습니다. 아이를 안고 "너는 아무 잘못도 없다. 너에게 나쁜 짓을 한 사람의 잘못이다. 네 몸은 아주 소중한데 그 사람이 함부로 대했기 때문에 그 사람이 혼나야 한다"라며 위로하고 진정시킵니다. 그래서 "나쁜 짓을 한 사람을 알아내서 벌을 줄 수 있도록 네가 도와줘야 한다"라고 이야기해 줍니다. 다만 구체적으로 다그쳐 물음으로써 아이가 아픈 상처를 여러 번 되풀이하지 않도록 배려해야 합니다. 아이가 스스로 상황을 이야기하도록 기다려 주는 태도가 필요합니다.

가급적 목욕은 시키지 말고 입었던 옷은 그대로 보관합니다. 가능하다면 현장의 증거를 그대로 보존합니다. 몸에 멍이나 상처가 생겼다면 사진을 찍어 둡니다. 아이를 안심시킨 후에 산부인과로 데리고 갑니다. 가까운 상담 기관에 연락(전국 어디서나 1366 또는 112)하면 법적 대응을 포함하여 적절한 도움을 받을 수 있습니다.

사실상 성폭력은 아이가 교통사고를 당하는 것과 같은 하나의 사고입니다. 이 일로 인해 아이가 자기 몸을 더럽다고 느끼거나 죄의식을 갖게 해선 안 됩니다. 아이는 자기가 당한 끔찍한 악몽을 되풀이해서 생각하고 싶지 않을 겁니다. 그런데 부모가 몇 번이나 물어보고 의사, 상담사, 경찰관이 계속 물어보고 또 법정에 가서 진술까지 해야 한다면 과연 아이가 그것을 다 감당해 낼 수 있을까요?

피해 아동의 2차 피해를 줄여 주고자 세계 각국에서 아동의 진술을 녹화한 자료를 법적 증거로 사용하고 있습니다. 아래의 사진은 미국에서 증거로 활용되는 인형입니다. 가슴과 음부에 털이 있고 성기가 달린 남성 성인 인형과 젖가슴과 성기를 갖춘 여성 성

성폭력 상황을 놀이 형식으로
재연해 볼 수 있도록 만들어진 인형

인 인형을 포함해, 남자아이, 여자아이의 인형을 가지고 전문가가 아이에게 그때의 상황을 재연하게 하고 피해 과정의 말과 태도, 부가 질문에 관한 응답 등을 녹화합니다. 훈련받은 전문가가 피해 아동의 정서적 반응과 태도를 토대로 판단하여 제출한 의견서와 녹화된 자료는 법적 증거 자료로 공인된다고 합니다.

우리나라에서는 19세 미만 성폭력 피해 아동의 진술 영상 녹화물을 증거로 쓸 수 있도록 한 특례조항을 2021년 12월 헌법재판소가 위헌 결정을 내렸습니다. 이는 법정 출석의 부담이 생기는 상황이므로 보완 정책으로 법정에 세워 진술하는 대신 중계 장치가 되어 있는 다른 방에서 실시간 응답하는 방법을 쓴다고 합니다. 제출되는 진술분석전문가•의 의견서가 유죄 입증의 중요한 판단 자료로 제출됩니다. 우리나라 법원은 자유심증주의自由心證主義••를 채택하고 있기 때문에 판사의 증거물 채택 여부가 결정적이라고 합니다. 그러나 증거 자료는 많으면 많을수록 판사의 상황판단에 도움이 되므로, 피해 아동을 보호하는 차원에서 진술 녹화물이 증거 자료로 많이 활용되기를 바랍니다.

• 아동·장애인 등에 대한 성폭력 피해자들의 진술을 분석하여 진술의 신빙성을 판단하는 역할을 하는 사람

•• 증거의 증명력을 법관의 판단에 맡기는 주의(《두산백과》)

유아의 자위행위(어린이집 사례)

"야단치지 말고 더 재미있는 일을 만들어 주세요"

Q

어린이집에 다니는 다섯 살짜리 여아가 책상 모서리에 성기 부분을 대고 비비면서 교사의 말에 집중하지 못하고 멍한 표정을 짓고 있어 관찰하게 되었다고 합니다. 낮잠을 재우려고 할 때도 성기를 만지면서 끙끙대고 땀을 흘릴 정도로 힘들어하고 전혀 잠들지 못해 성적 행위가 아닌지 의심하게 되었다고 합니다. 유아도 성적 쾌감을 느끼는지, 그럴 경우 어떻게 지도해야 하는지 그리고 아이의 엄마에게 말씀드려야 하는지 또 말씀드

려야 한다면 어떻게 말해야 좋을지 모르겠다며 어린이집 교사가 문의해 왔습니다.

A

유아도 성기를 만졌을 때의 느낌이 다른 신체 부위와는 다르다는 것을 발견하고 그 감각에 집착할 경우 자위행위를 할 수 있습니다. 앉을 때도 의자의 방향을 약간 돌려 모서리에 성기를 대고 앉아 비비는 행동을 하기도 합니다. 성인의 성행위 장면이나 성행위 비디오를 본 경우가 아닌지 의심되기도 하지만, 실제로 그런 경우는 드뭅니다(이런 경우는 오히려 성행위에 대해 두려움을 갖는 경우가 더 많습니다). 자위행위보다 더 재미있는 놀이나 더 관심이 가는 일이 없어서 아이가 그랬을 거라고 이해하면 지도하기 어렵지 않습니다.

그런 행위를 하고 있을 때는 뭔가 더 흥미로운 자극으로 주위를 환기할 필요가 있습니다. 금방 그 자리에서 지적해 가르치는 것은 아이에게 죄책감을 느끼게 하므로 바람직하지 않습니다. 기회를 보아 아이를 불러 편안한 분위기 속에서 알아들을 수 있게 이야기하세요. 절대 야단치듯이 해서는 안 됩니다. '여자는 나중에 커서 임신해야 할 소중한 몸이며 그 아기가 자랄 아기 집은 그곳과 연결되어 있어서 성기 역시 매우 소중한 우리 몸의 일부이며, 성기에 자꾸 자극을 주면 상처가 날 수도 있고 세균이 들어갈 수도 있으니, 물건에 비비거나 손으로 만지는 것은 좋지 않다고 말해 주세요. 그리고 성기에 신경을 쓰면 다른 일을 열심히 하기 어렵다는 것, 또 사람들은 성기를 누구에게도 보여 주지 않고 소중하게 속옷으로 보호하고 있는데 그런 행동을 남에게 보이는 것은 부끄러운 일이라는 것을 가르쳐 주세요. 만지고 싶은 생각이 나면 밖에 나가 뛰어놀거나 운동을 하도록 부모님이 도와주세요. 그러면서 '너와 나의 비밀이니 다른 친구들에게는 말하지 않겠다'고 약속하여 아이를 보호해 주는 것도 필요합니다.

어린이집에서 자위행위를 한다면 당연히 가정에서도 할 것입니다. 바른 지도를 위해 아이 엄마에게 알리는 것이 필요합니다. 엄마에게 절대 야단치듯이 하지 말아야 한다고 당부하고, 아이에게 더 관심을 갖고 함께 많은 시간을 보내도록 배려할 것을 권합니다. 이 사례 아이의 엄마는 직장에 다니고 있었는데 전혀 모르고 있다가 매우 난감해했지만 잘 지도할 수 있도록 이야기를 나누었다고 합니다.

'엄마가 나를 많이 걱정하고 있다'는 것을 알게 하세요. 내가 좋지 못한 행동을 해서 '엄마가 걱정하고 계시는구나!' 하는 것을 알면 아이들은 엄마의 눈치를 보아 가며 몰래 계속하려 하기보다는 고치도록 노력할 것입니다.

가족 간에도 수치심을 느낄 수 있으므로 부모하고만 이야기하고 비밀 보장을 해 주는 것이 좋습니다. 부모와 대화가 잘 되어 본인이 고쳐야겠다고 마음먹으면 쉽게 고쳐지는데, 사회성 문제나 정서적인 문제가 결부되어 어려우면 놀이치료 등의 도움이 필요합니다.

유아기에 흔히 하는 질문들

유아기 아동들이 궁금해하는 것을 모아
부모님이 답변할 수 있도록 정리했습니다.

Q　나는 왜 고추가 없어요?

A　흔히 고추라고 부르는 남자의 성기는 음경이 정확한 이름인데, 그 음경은 앞으로 나와 있고, 남자들은 그곳으로 소변을 본단다. 또 흔히 잠지라고 부르는 여자의 성기는 음순이 정확한 이름인데, 그 음순은 겉으로 잘 드러나지 않지만, 여자들은 그곳으로 소변을 본단다. 또 여자들은 아랫배 안에 자궁이라는 것이 있단다. 나중에 커서 임신을 하게 되면 아기가 자라는 곳이지. 그러니까 남자에겐 남자에게 필요한 것이 있고 여자에겐 여자에게 필요한

것이 잘 갖추어져 있는 것이란다.
또 세 살 정도의 여자아이가 서서 오줌을 누는 경우에는 다음과 같이 일러 줍니다.
남자는 음경이 앞으로 나와 있어서 서서 오줌을 눠도 옷이 안 젖지만, 여자는 앉아서 눠야 더 편하고 옷도 버리지 않는단다. 엄마도 앉아서 누지 않니? 너도 엄마와 같은 여자니까 엄마처럼 앉아서 누도록 하렴.

Q 엄마 배 속에서 아기는 배고프지 않아요?

A 괜찮아. 아기의 배꼽에 줄이 있는데 그 줄이 엄마와 연결되어 있어서 엄마가 먹은 영양분이 아기에게 전해진단다. 그래서 아기는 입으로 먹지 않아도 배가 안 고프단다.

Q 엄마 배 속의 아기는 남자예요, 여자예요?

A 그건 아직 모른단다. 난자라는 엄마의 아기 알이 정자라는 아빠의 아기 씨를 만날 때 여자가 될 아기 씨를 만나면 여자 아기가 태어나고 남자가 될 아기 씨를 만나면 남자 아기가 태어나는 거란다. 아빠와 엄마는 아기가 딸이든 아들이든 모두 소중하게 생각하고 기쁘게 기다린단다.

Q 아기는 왜 젖을 먹어요?

A 아기는 이가 하나도 없지? 그래서 아기는 밥을 먹을 수가 없어. 또 너무 어려서 엄마가 안고 먹여 줘야 한단다. 엄마가 아기를 낳고 나면 자연히 엄마 젖에서 아기에게 줄 젖이 나온단다. 아기도 이가 나게 되면 너처럼 밥도 조금씩 먹게 될 거야.

Q 아빠 젖꼭지도 빨면 젖이 나와요?

A 나오지 않는단다. 아빠는 젖이 나오지 않기 때문에 아기에게 젖을 줄 수가 없지. 그러나 아빠도 아기를 포근하게 안고 수유병을 이용하여 아기에게 젖을 줄 수 있단다.

Q 아기는 울기만 하니까 나쁜 아이인가 봐요?

A 아니지. 아기는 아직 말을 못 하기 때문에 "엄마! 아빠! 날 좀 도와줘요" "엄마 젖 좀 줘요" 하고 말하는 대신 우는 것이란다. 넌 말을 잘하니까 울 필요가 없겠지만 말이야.

Q 엄마가 나를 낳았는데 왜 아빠를 닮았다고 하나요?

A 아빠와 엄마가 사이좋게 힘을 합쳐서 너를 만들었기 때

문에 너는 엄마도 닮고 아빠도 닮은 거지. 엄마 아빠를 닮기는 했지만 너는 너 나름의 개성을 가진, 세상에서 단 한 명밖에 없는 특별한 존재란다.

Q 왜 아빠 것이 훨씬 더 큰가요?

A 아빠는 어른이니까 너보다 더 많이 드시고 일도 많이 하시고 손발도 크고 무엇이나 너보다 크지 않니? 그러니까 음경도 너보다 커야겠지? 너도 다음에 어른이 되면 틀림없이 아빠만큼 커질 거야.

Q 커서 오빠하고 결혼해도 되나요?

A 안 된단다. 한집안 식구나 가까운 친척끼리는 결혼을 못해. 결혼은 커서 어른이 된 후에 하는 거니까 그때 가서 상대를 생각해 보자. 너희가 어른이 되면 오빠는 딴 여자와, 너는 딴 남자와 결혼하고 싶어질 거야.

Q 저 개들은 왜 싸워요? (교미 현장을 보고)

A 싸우는 게 아니라 서로 예뻐하는 것이란다. 동물은 손이 없어서 서로 껴안을 수가 없으니까 저렇게 사랑한단다.

Q 왜 아빠 다리에는 털이 있나요?

A 그래. 아빠 다리에 털이 있지? 아빠는 까칠까칠한 수염도 있지? 남자는 어른이 되면 겨드랑이나 다리에 털이 나게 되고, 여자는 어른이 되면 젖이 커지고 겨드랑이에 털이 난단다. 너도 어른이 되면 그렇게 될 거야.

Q 친구와 키스를 해도 되나요?

A 입에다 뽀뽀하는 것은 친구끼리 하는 것이 아니란다. 나중에 커서 누군가와 결혼하고 싶을 만큼 사랑하게 되었을 때 그 사람과 하는 거란다. 친구끼리 좋아할 때는 안아 주거나 뺨에다 뽀뽀를 할 수 있지.

5

지나치지 않게 자연스럽게

•

학동기(7~12세) 성교육

초등학생이 되면 남녀의 성 차이에 대한 호기심이나 성적 놀이는 줄어드는 반면 임신의 과정이나 엄마가 임신을 하는 데 아빠의 역할이 무엇인지에 대한 구체적인 호기심은 늘어납니다. 그래서 저학년 아이들은 부모에게 "엄마가 날 낳았는데 왜 나 보고 아빠를 닮았다고 하지?"라는 질문도 하고, '아빠는 어째서 나의 아빠일까?' 하는 생각도 해 봅니다.

그러나 고학년 아이들, 특히 탐구열이 강한 아이들은 몹시 알고 싶어 하고 부모가 적절한 대답을 해 주지 않을 경우 친구들끼리 서로 의견을 교환하기도 합니다. 아이들은 어렴풋이 짐작만 하는 성교에 관해 확실하게 알고 싶어 하는 것입니다.

관심이
있으니까
모른 척한다

다가올 사춘기의 준비 단계

초등학교에 들어가면 지금까지와는 완전히 다른 세계에서 사회생활을 경험하게 됩니다. 이들은 신체적으로 어른스러워지고 힘이 넘쳐 항상 움직이며 무엇이든 열심히 해 보려고 애씁니다. 따라서 순조롭게 적응하면 근면한 습관을 평생 몸에 지니게 되는 기회가 됩니다. 반대로 자기 뜻대로 되지 않고 학업이나 놀이에서 친구들에게 뒤질 때에는 열등감이 마음속에 자리 잡게 됩니다. 표면상으로는 성적 호기심이 거의 자취를 감춰 정신분석학에서는 성적 흥미가 일시적으로 잠재하는 시기라고 하며, '정신·성적 발달 단계에서의 잠복기'라고도 합니다.

최근 일부 성 과학자들은 이 잠복기에 대해 권위주의적 사회가 만들어 낸 허구적 용어라고 비난하면서, 아동들도 성욕을 느끼고 있으며 어른과 대등하게 성적 인간으로 살아갈 자유와 권리가 있으니 어릴 때부터 성적 기교를 발달시킬 필요가 있다고 주장해 논란의 대상이 되고 있는 모양입니다.

그러나 현재 우리나라 문화에서는 이 새로운 가치관이 용납되기 어려울 것입니다. 그렇다고 이 잠재기에 성적 발달이나 성적 행동이 전혀 일어나지 않는다고 생각해서는 안 됩니다. 다가올 사춘기의 준비 단계이자 교육의 기회로 여겨야 합니다. 성 흥미가 잠재되는 시기를 이용해 몸의 미묘한 변화와 성 생리에 대해 알게 해 줌으로써 성적 충동을 자제할 수 있는 내적 조절력의 기초를 갖게 하면 좋습니다.

의식하니까 어색해한다

이 시기의 아이들은 사회적 습관, 부모나 교사의 성에 대한 태도를 자신과 동일시하여 본인의 성 역할을 받아들입니다. 그래서 일반적으로 여자아이는 관습적으로 알려진 '여성'스럽게 남자아이는 '남성'스럽게 보이려 하고 그렇게 행동합니다. 그러면서 여자아이는 커서 반드시 여자 어른이 되고 남자아이는 남자 어른이 된다는 성 항상성sex constancy 개념을 받아들이게 됩니다. 아이들이 성 항상성을 받아들이면서 동일한 성의 모델을 모방하려는 경향도 급속히 증가합니다. 성 항상성이 확고하게 자리 잡기 이전에는 남녀 간에 스스럼없이 친하게 놀다가도 개념이 확고해진 이후에는 남자는 남자끼리, 여자는 여자끼리 노는 것을 더 좋아하게 됩니다.

이때부터는 남녀가 완전히 분리되어 남자아이는 팽이치기나 야구 같은 '남성'적인 놀이에, 여자아이는 소꿉장난, 고무줄넘기 같은 '여성'적인 놀이에 열중합니다. 그러다가 열 살쯤 되면 이성을 의식하며 서로 경계하는 태도를 보이는 것이 일반적인 경향입니다.

부모가 이 시기에 무관심하면 아이의 사춘기가 힘들다

초등학교 고학년의 상당수가 이성 교제를 인정하고 있는 데 반해, 부모들은 그 시기 자녀의 이성 친구에 대해서 대체로 무관심한 것이 현 실정입니다.

아이들의 신체 성숙도가 개인별로 현저히 차이가 나듯이 이들의 성 지식도 천차만별입니다. 부모의 성교육 정도나 태도가 가정마다 달라서 아이들 역시 차이가 납니다.

예를 들면, 뽀뽀만 해도 임신한다고 생각하는 아이가 있는가 하면, 초등학교 5학년짜리가 사촌 오빠와 한방에 기거하여 임신을 하고도 "나는 오빠와 노는 걸 좋아했어요. 오빠가 예뻐하면 정말 행복했어요" 하면서 자기가 무슨 일을 저질렀는지 모르는 경우도 있습니다.

사실 아이들이 학교에 다니기 시작하면 어머니들은 '이제야 내 시간이 좀 생기는구나' 하고 무관심해지기 쉽습니다. 그러나 사춘기를 맞을 준비 단계로서 이 시기에 체계적인 성교육이 꼭 필요하다는 것을 잊어서는 안 됩니다. 제2차 성징이 나타나기 이전에 올바른 지식을 갖게 함으로써 그들에게 충격을 줄여 주고, 건전한 성 원리를 가진 인간으로 성장하게 하는 데 도움을 주어야 합니다.

요즈음은 사춘기가 빨라지는 것이 전 세계적인 추세입니다. 심지어 성조숙증precocious puberty으로 병원의 전문 치료를 받는 사례도 적지 않습니다. 성조숙증은 여아의 경우 8세 미만에 유방 또는 음모가 나오거나, 남아에게서 9세 미만에 음모가 나오거나, 음경이나 고환이 커지는 경우를 말합니다. 성조숙증이 특별히 관심을 끄는 이유는 성호르몬이 일찍 작용하여 뼈가 성장하는 데 꼭 필요한 성장판을 닫히게 만들어, 부모로부터 물려받은 키만큼 자라지 못하여 성인이 되었을 때, 작은 키를 갖는 것에 대한 우려 때문입니다. 또 성조숙은 신체적 성숙과 정신적 성숙 간의 불균형으로 정신적 혼란을 초래할 수도 있고, 여아의 자존감 저하와도 관련이 있다고 합니다.•

성조숙증 증세는 학동기 저학년에 발현되므로 부모는 이 시기에 자녀의 신체 변화에 대해 관심을 가지고 대화를 계속 나누어야 합니다. 부모와 자녀 간에 의사소통이 잘 이루어진다면 어떤 주제라도 대화가 가능하므로 성조숙증의 기미도 제때 알아챌 수 있고 전문가의 도움을 순조롭게 받을 수 있을 것입니다.

• 〈성조숙증 여아와 정상발달 여아의 심리사회적 행동특성 비교〉, 문우진, 단국대학교 박사논문, 2018

구체적인 성교육은 이렇게 하자

초등학생은 구체적으로 알고 싶어 한다

초등학생이 되면 남녀의 성 차이에 대한 호기심이나 성적 놀이는 줄어드는 반면 임신의 과정이나 엄마가 임신을 하는 데 아빠의 역할이 무엇인지에 대한 구체적인 호기심은 늘어납니다. 그래서 저학년 아이들은 부모에게 "엄마가 날 낳았는데 왜 나 보고 아빠를 닮았다고 하지?"라는 질문도 하고, '아빠는 어째서 나의 아빠일까?' 하는 생각도 해 봅니다.

이때 그들은 영화나 텔레비전의 애정 장면을 떠올리면서 '응, 키스를 하니까' 또는 '아마 끌어안는 것이 어떤 역할을 하는 것인가 보다'라는 정도로 어림짐작하게 됩니다. 그러나 고학년 아이들, 특히 탐구열이 강한 아이들은 몹시 궁금해하고 부모가 적절한 대답을 해 주지 않을 경우 친구들끼리 서로 의견을 교환하기도 합니다. 또 성기나 성교와 관련된 단어를 인터넷에서 찾아보거나 인공지능 챗봇에 질문해 보거나 합니다. 아이들은 어렴풋이 짐작만 하는 성교에 관해 확실하게 알고 싶어하는 것입니다.

초등학교에서도 성교육을 하고 있지만 의문이 날 때마다 부모가 적절하게 알려 줄 수 있다면 가장 자연스러울 것입니다. 친구에게서 끈끈한 분위기를 느끼며 전염되듯 알게 되는 성 지식보다는 교사나 부모로부터 당당하게 배우는 구체적인 성 지식이 건전한 사춘기를 보내는 데 도움이 됩니다.

이해할 수 있는 만큼만 설명하자

아이들이 구체적인 성 지식을 궁금해할 경우, 아이의 성숙 정도에 따라 대답의 내용은 달라져야 하지만, 어떤 경우에도 성급하게 성교를 이야기하는 것은 좋지 않습니다. 고학년 정도라면 생물 시간에 배운 지식을 확인해 가면서 X염색체, Y염색체를 들어 설명할 수도 있지만 저학년에서라면 좀 더 포괄적으로 설명하는 것이 낫습니다.

이때는 일부러 좀 긴 시간을 내서 친구와 함께 듣도록 자연스러운 자리를 마련해도 좋습니다. 먼저 이 지구상의 인간은 남자와 여자로 구성되어 있다는 걸 설명해 줍니다.

"아빠도 남자, 할아버지도 남자, 선생님도 남자, 옆집 아기도 남자…… 그런가 하면, 엄마는 여자, 소아과 선생님도 여자, 배우 아무개도 여자, 동생도 여자…… ."

그러면서 할아버지의 어릴 때 사진이나 엄마의 아기 때 사진을 보여 주며 여기에서 이렇게 어른이 됐다는 것, 그래서 아기가 커서 어른이 되고 너희들도 어른이 되면 결혼해서 아기를 낳게 되고 할아버지, 할머니가 되리라는 걸 알게 해 줍니다. 이렇게 인간은 남녀로 구성된다는 것을 가르친 후 남녀의 차이를 설명하는 것이 좋습니다.

"여자라면 누구나 아기를 키울 수 있는 자궁이 배 속에 있단다. 이 자궁은 아기가 자라기에 아주 적당한 장소로, 항상 따뜻하고 조용한 곳이란다. 이 자궁은 배꼽 아래 배 속에 있는데, 아기가 없을 때는 크기가 자두만 하고 아래쪽으로는 질과 연결되어 있어, 이

질은 양다리 사이로 통한단다. 여자가 소변을 보는 길과는 다른, 그 아래에 있는 길이란다. 소변이 나오는 길은 요도, 아기가 나올 수 있는 길은 질 또는 산도라고 한단다."

이때 해부도를 보여 주거나 그려가며 설명을 하면 더욱 좋습니다.

"그럼, 여자는 다 자궁이 있어? 아이들도?"

"물론이지. 여자라면 아이도 할머니도 다 자궁이 있단다. 그러나 아이의 자궁은 어른에 비해 훨씬 작지. 그러면 남자는 여자와 어떻게 다른지 이야기해 볼까. 남자는 몸에 자궁이나 질이 없단다. 너희들도 알겠지만, 남자에게는 음경과 음낭이 있지. 자궁과 질은 배 속에 있기 때문에 볼 수 없지만 음경과 음낭은 몸 밖으로 나와 있어 눈으로 볼 수 있지. 또 음경은 가끔 단단해져서 꼿꼿하게 서기도 한단다. 남자 몸엔 아기를 기를 수 있는 자궁이 없기 때문에 임신은 못 하지만, 여자에게 아기가 생기려면 남자가 도와줘야 한단다. 어른이 된 남자의 몸에는 아기를 만들 수 있는 정자를 담은 특수한 체액이 있단다. 이 체액은 음경을 통해서 나오는데, 오줌도 음경으로 나오지만, 오줌과 정액은 아주 다른 거란다. 오줌은 우리 몸의 찌꺼기이지만 정액엔 아기를 만들 수 있는 정자라는 세포가 많이 들어 있지. 이 정액은 남자가 성장하면 몸에서 자연히 만들어진단다. 그런가 하면 여자 몸엔 아까 이야기한 자궁에서 옆으로 뻗어

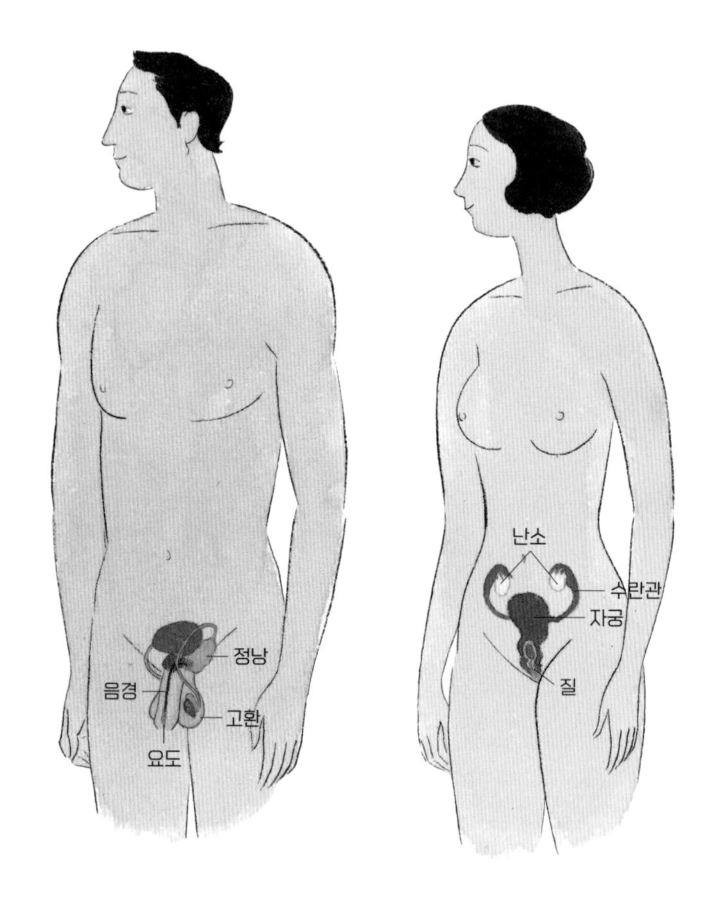

남성과 여성의 생식기

난 난소라는 곳이 있는데 그곳에 난자라는 아기 알이 들어 있지. 이 알은 아주 작아 눈에 겨우 보일락 말락 하는 정도의 크기인데, 여자가 어른이 되면 이 난소에서 한 달에 하나씩 난자가 자궁으로 나온단다. 이때 아빠의 정자를 만나면 임신이 되는 거야. 이렇게 엄마의 난자와 아빠의 정자가 합해져서 아기가 생기기 때문에, 아기는 엄마도 닮고 아빠도 닮는단다."

좀 더 성숙한 아이는 이 정도로 만족하지 않고 질문을 합니다.

"그럼 아빠 정자가 어떻게 엄마 난자에 가지?"

"정자가 난자에 가기 위해서는 엄마의 질을 통하지 않으면 안 된단다. 아빠의 음경이 꼿꼿해졌을 때 질을 통해 정액을 보내고, 이때 정자와 난자가 만나면 아기가 생긴단다."

성교에 대해 정확하게 이야기해 줄 때의 분위기는 진지한 것이 좋고, 부모가 웃거나 머뭇거리기보다 자연스러운 태도를 취하는 것이 좋습니다. 어쨌든 성은 보편적인 것이며 깨끗한 것이라는 인상을 주도록 노력하면서 정확한 지식을 전달해 주세요.

출산의 고통보다는 행복을 이야기해 주자

이어 배 속의 아기, 그리고 아기가 태어나는 길에 대한 설명으로 이어집니다.

“그럼, 다음엔 아기가 어떻게 엄마 배 속에서 사는지, 또 어떻게 태어나는지 한번 이야기해 보자. 아기는 아까 얘기한 대로 엄마의 자궁 속에서 자란단다. 자궁은 아기가 태어날 때까지 따뜻하게 아기를 보호해 주는 곳이야. 자궁 속에는 양수라고 불리는 물이 가득 차 있는데 아기는 이 양수 속에서 처음에는 헤엄치듯 놀다가 나중에 몸이 점점 커지면 자궁이 좁기 때문에 몸을 동그랗게 말고 있어야 한단다. 이 자궁이 물주머니로 된 것은 아기가 충격을 받거나 상처를 입는 것을 막기 위해서지. 네가 만일 큰 풍선 안에 물과 함께 둥근 돌멩이를 넣고 손가락으로 풍선을 찔러 본다면 어떻게 자궁이 아기를 보호하고 있는지 알 수 있을 거야. 이렇게 자궁 속에서 아기가 커지면 엄마 배도 점점 불러 온단다. 이웃집 현철이 엄마 배 불렀던 거 생각나니? 아기가 엄마 배 속에서 열 달 정도 살면 그곳에서는 더 이상 자랄 수 없을 만큼 커지게 된단다. 그때 아기가 세상으로 나오는 거란다.”

“어떻게 태어나지? 어떻게 엄마 배에서 나올 수 있어?” 하고 계속해서 물을 것입니다.

“아기가 태어날 땐 보통 의사와 간호사 선생님의 도움을 받는단다. 아기는 엄마의 질을 통해 세상에 나오는데 아기가 나올 때쯤 되면 이 질은 아기가 나오기 좋도록 매끄러워지고 평소엔 오므라

들어 있던 모양이 아기가 나올 수 있을 만큼 늘어난단다. 이때 아기는 머리를 아래로 하고 물구나무서기를 한 것처럼 거꾸로 있다가 머리부터 나오기 시작한단다. 아까 이야기한 대로 양수라는 따뜻한 물에 싸여 있다가 이 물과 함께 나오기 때문에 고통을 많이 줄일 수 있단다. 아기는 탯줄을 통해 엄마로부터 영양과 산소를 받았기 때문에 배 한가운데 연결된 이 탯줄을 갖고 태어난단다. 너희들 배꼽을 보렴. 너희들이 엄마 배 속에서 양분을 섭취하던 곳이란다."

출산에 관해 설명하면 특히 여자아이들은 "몹시 아프다던데 얼마나 많이 아파요?" 하고 물어봅니다. 그들로서는 앞으로 있을 자기들의 문제이기 때문에 심각해지지 않을 수 없습니다.

"아프단다. 그렇지만 참을 수 있는 정도지. 이 세상에 이렇게 사람이 많은데 엄마가 낳지 않은 사람은 한 사람도 없단다. 참을 수 있기 때문에 낳은 거지. 아기가 귀한 걸 생각하면 아픈 것은 어느새 잊을 수 있지. 아팠지만 너희처럼 건강한 아들딸을 얻을 수 있었잖니? 어쩌면 아파하면서 낳았기 때문에 더 소중한지도 모른단다."

이렇게 고통을 겪으면서도 낳기를 원한 소중한 자녀들이라는 것을 알게 해 주는 것이 좋습니다.

아이의 제2차 성징을 어떻게 대할까?

초등학교 고학년 아이들 가운데는 키가 크고 몸매도 성숙한 아이가 있는가 하면 키도 작고 몸매도 미성숙한 아이도 있습니다. 제2차 성징이 나타나는 시기는 개인차가 크기 때문입니다. 잘 알다시피 제1차 성징이란 출생 시 남녀의 생식 기관에 의한 성적 차이를 말합니다. 그리고 성인이 되어 신체뿐 아니라 기질과 성격에서 드러나는 여자다움과 남자다움을 제3차 성징이라고 합니다.

제2차 성징이란 학동기에서 청년기로 넘어가는 시기에 내분비선의 발달로 인해 드러나는 형태적·기능적·성적 특징을 말합니다. 즉, 성호르몬 때문에 나타나는 신체상의 성 차이인데, 여드름·음모·변성 등은 남녀 모두에게 나타나고 여성에겐 유방 발육과 월경, 남성에겐 몽정(사정) 현상이 나타납니다.

이 변화는 여성이 1~2년쯤 빠른 것이 보통인데 아마도 그 이유는 출산에 대비해서 몸의 구조가 더 많은 준비를 해야 하기 때문일 것입니다.

정신이 몸의 성숙을 못 따라가는 시기

그러면 어떤 경로를 통해 이런 신비한 변화가 오는 것일까요? 뇌의 중추가 뇌하수체에 자극을 보내면 뇌하수체에서는 성장을 촉진하는 호르몬과 성선性線을 자극하는 호르몬이 분비됩니다. 이 성선을 자극하는 호르몬이 남자아이의 정소(고환)에 자극을 주면 여기에서 안드로겐이라는 호르몬이 나와서 남자다운 몸집으로 변하고, 음경과 고환이 발육해 커지고, 음모가 나고, 목소리가 한 옥타브 정도 낮아져, 전반적으로 남자다워졌다는 느낌을 줍니다. 또 이 성선 자극 호르몬이 여자아이의 난소에 가면 피하지방이 발달해 몸매가 여성스럽게 변화하고 가슴이 커지고 자궁이 발달하고 음모가 납니다.

이렇게 그들의 육체에는 큰 변화가 오는데 사회적·정신적 성숙은 이를 따라잡지 못합니다. 이렇듯 몸과 마음이 균형을 이루지 못하니 여러 가지 문제가 생겨납니다.

몸의 변화를 받아들이도록 도와주자

사춘기에 흔히 생기는 여드름은 그렇지 않아도 자기 외모에 신경을 쓰기 시작할 때 얼굴에 나는 것이어서 남녀 청소년들에게 모두 고민거리가 됩니다. 신경을 쓰고 스트레스를 받으면 증세가 심해지니 마음을 편히 갖도록 도와주는 것이 좋습니다. 무조건 때가 되면 낫는다고 하지 말고, 심할 경우에는 병원에서 치료를 받도록 해 주는 것도 방법입니다.

음모는 치모라고도 하는데, 남자아이는 몽정 현상이 있기 이전에, 여자아이는 보통 월경이 있기 이전에 나기 시작합니다. 남자아이는 성기 주위뿐 아니라 겨드랑이·턱·정강이에도 나기 시작하며 여자아이는 겨드랑이와 성기 주위에 나는데, 대부분 아이들은 몹시 수치심을 느낍니다. 그래서 갑자기 가족과 함께 목욕탕이나 해수욕장에 가지 않으려고 합니다. 정상적인 성장이며 다른 친구들에게도 일어나는 증상이라는 것을 이야기해 주면, 이미 학교에서 배운 사실이라도 훨씬 더 안심이 되는 효과가 있습니다.

이 음모만을 들어 따로 지도하는 것보다 월경이나 몽정 등 다른 제2차 성징과 함께 알려 주면 좋습니다. 그리고 "어른이 된다는 표시란다" 하면서 대견스러워한다고 표현해 주세요. 한편 늦게 나거나 조금밖에 나지 않는 경우도 있는데 이 경우도 별문제가 아니라고 일러둘 필요가 있습니다.

또 변성은 남녀에게 다 같이 오는 변화인데 여성은 그 변화가 현저하지 않아 별로 눈에 띄지 않습니다. 남자아이는 변성을 놀려대면 해야 할 말도 안 하고 침묵하려는 경향이 있으니 조심해야 합니다.

여성에게 도드라지는 젖가슴의 발달은 개인차가 심합니다. 초등학교 때 젖가슴이 다 발달하는 아이가 있는가 하면, 고교생이 되어서야 젖가슴의 성숙을 보이는 아이도 있습니다. 그러나 여자아이들은 젖가슴이 작으면 작은 대로 크면 큰 대로 고민하기 일쑤입니다. '나는 왜 이렇게 가슴이 작을까? 나는 여자로서의 자격이 없나?' 또는 '엄마를 닮아 가슴이 커서 창피해 죽겠다. 나만 쳐다보는 것 같다'며 고민합니다. 이때는 엄마의 도움이 필요합니다. 먼저 체질에 따라 젖가슴이 큰 사람도 있고 작은 사람도 있는데 그 크기의 차이는 아기 기르는 데 아무 문제 될 것이 없다고 가르치고, 아이에게 맞는 크기의 브래지어를 구해 주는 것이 좋습니다. 너무 미리 사

주어서 오래 기다리게 하는 것은 좋지 않습니다. 반대로 젖가슴이 커져서 브래지어는 해야겠는데 부모가 무관심해서 사 주지는 않고 자기가 사자니 창피해서 고민하는 경우도 있는데, 이런 일은 없도록 미리 적절한 시기에 준비해 두는 배려가 필요하겠습니다.

월경을 시작했어요

초등학교 저학년에 지도해 주세요

초경이 시작되는 시기는 인종·기후·생활 양식에 따라, 또 개개인의 건강이나 영양 상태에 따라 다릅니다. 자녀의 성숙 정도를 보아 초등학교 저학년에 엄마가 지도하는 것이 좋습니다. 예비 지식 없이 갑자기 월경을 하게 되면 몹시 놀라고 어떤 경우에는 병이 생겼다고 생각할 수도 있습니다. 미리 생리대를 준비해 주고 생리 현상의 이유를 가르쳐 줌은 물론 준비 없이 길이나 학교에서 갑자기 피가 나왔을 때 대처하는 방법도 일러두는 것이 좋습니다.

먼저 월경의 생리를 설명하기 위해 난소에 대해 알려 줍니다. 대부분의 여아들은 엄마의 월경 관리 과정에서 자연스럽게 월경에 대하여 알게 되는 경우가 많습니다. 생리대를 산다든지 빨래를 처리하는 과정에서 이야기를 나눌 기회를 가질 수 있습니다. 자녀가 초등학생이 되었을 때 더 자세히 생리 현상을 설명하고 대처할 수 있게 해 줍니다.

“자궁에서부터 양쪽으로 손처럼 뻗어난 수란관은 그 손안에 소중한 난소를 품고 있단다. 이 난소는 난자라는 아기 알을 많이 가지고 있어서 여자의 몸이 성숙하면 양쪽 난소에서 번갈아 가며 한 달에 한 번씩 난자가 나오는데 이것을 배란이라고 해. 그러니까 만약 이번 달에 왼쪽 난소에서 배란이 되었다면 다음 달엔 오른쪽 난소에서 배란이 되는 식으로 반복하는 거지.

난소에서는 난포 호르몬과 황체 호르몬이라는 두 가지 호르몬이 나와. 난포 호르몬은 배란이 되기 전에 자궁 내막을 두껍게 하는 역할을 하고, 황체 호르몬은 배란 후에 자궁에 점액을 분비해 자궁 내막을 부드럽게 해서 혹시 배란된 난자가 정자를 만나 수정될 때에 대비해 착상하기 좋도록 하고 영양이 많은 상태로 준비한단다. 그러다가 수정이 되지 않으면 다음 배란의 준비를 위해 두꺼워진 자궁 내막은 떨어져서 질을 통해 밖으로 나오게 된단다. 이것을 월경이라고 하지.

따라서 월경을 하는 것은 약 2주일 전에 배란이 되었다는 것을 뜻하고 또 진정한 여성의 몸이 되어 가고 있음을 알려 주는 표시이기 때문에 여자로서 기뻐해야 할 일이란다. 월경의 양은 처음 첫날과 다음 날이 가장 많고 점차 줄어들어 대개 사흘에서 일주일 정도 계속되는데 사람에 따라 28일 만에 하는 사람, 30일 만에 하는 사람, 이렇게 다 다르단다. 또 처음 얼마간은 몇 달씩 거르기도 하는데, 자궁이 완전히 성숙하지 못해 준비가 덜 되었기 때문에 그러는 거란다."

아이는 이런 이야기를 들으면 자기가 벌써 임신할 수 있는 몸을 가졌는데 매달 임신의 기회를 놓치고 있다는 생각을 할지도 모릅니다. 월경을 한다고 해서 자궁이 완전히 성숙한 것은 아니고 성숙해 가는 과정으로 보아야 한다는 것을 알려 줍니다. 그리고 임신은 일생에 한두 번, 또는 그 이상 여러 번 하기도 하지만 이렇게 매달 월경을 하는 것은 몇 번 하지 않는 임신을 건강하게 하기 위한 준비라는 것을 알려 줍니다. 또 생리대와 생리 시 입을 속옷을 준비해 주고, 학교에서 갑자기 피가 나오면 양호실에 가서 생리대를 구하고, 또 그렇게 하는 것이 절대 창피한 일이 아니라고 일러둡니다.

아이와 상점에 갔을 때 다양한 생리대를 보여 주는 것도 좋습니다. 요즈음 일부에선 옛날 우리 어머니 세대가 그랬던 것처럼 면 생리대를 만들어서 사용하기도 하는데 매우 바람직한 일입니다. 평생 사용하는 생리대의 양을 생각하면 환경을 생각해서라도 꼭 고려해야 할 일이고, 건강에도 가장 바람직한 방법인 만큼, 휴일이나 집에 있을 때만이라도 엄마와 딸이 면 생리대를 사용하는 것은 어떨까요?

생리 중에는 무거운 물건을 들거나 과격한 육체노동은 하지 말고 몸을 따뜻하게 그리고 소중히 다루도록 가르쳐 주세요. 사람마다 다르긴 하지만 월경 때 몹시 불안하거나 허리나 배가 아프거나 소화가 안 되는 등, 심신의 변화가 오는 경우가 있는데 병적인 상태는 아니라는 것을 알려 줍니다. 또 월경 중에는 입욕이나 수영은 세균 침입의 염려가 있으니 가급적 피하도록 하고, 따뜻한 물로 샤워하는 것은 괜찮다고 알려 주세요. 또 생리 중에 화장실 사용하는 데 주의할 점도 알려 주세요. 월경 자체는 신성한 것이지만, 잘못 처리하면 주위를 더럽혀 다른 사람에게 불쾌감을 줄 수 있으니 뒤처리를 깨끗하게 하도록 가르칩니다. 특히 생리대를 변기에 버리면 변기가 막히니 절대 변기에 버리지 않도록 잘 이릅니다. 대부분의 화장실에는 생리대를 버리는 통이 비치되어 있으니 사용한 생리대는 휴지에 싸서 생리대 버리는 곳에 버리고 그렇지 않을 경우 휴지에 싸서 화장실 휴지통에 버리도록 합니다. 그리고 초경이 시

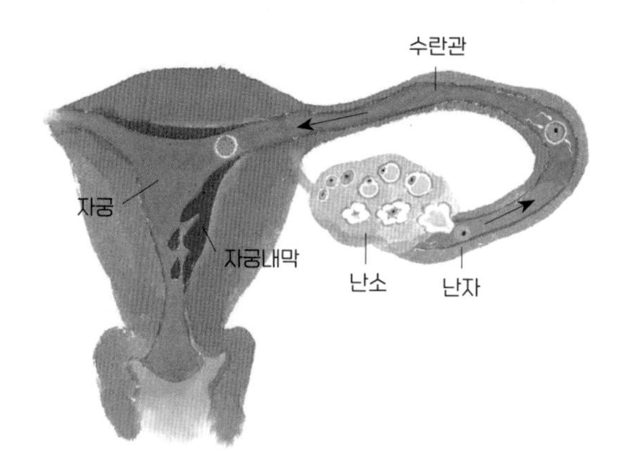

배란과 월경

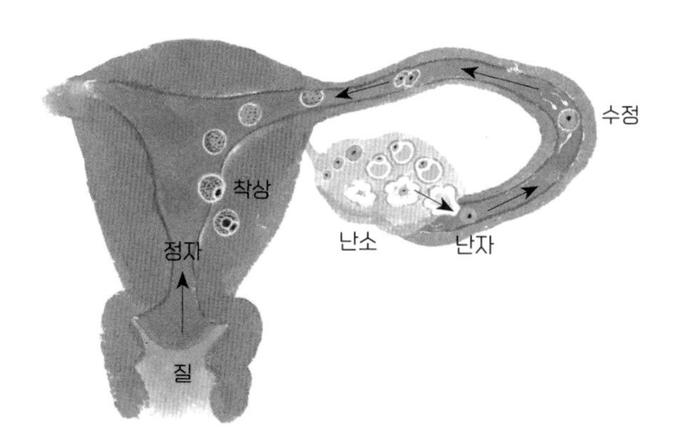

배란에서 착상까지

작된 달부터 자기의 '월경 일지'를 기록하게 해서 자신의 월경 주기를 알 수 있도록 도와주세요. 남자아이에게도 여성의 이런 생리 현상을 알려 줌으로써 소중한 임신을 위해 여성의 몸이 어떻게 준비하는가를 알게 해 주세요. 그래서 자기 할머니나 엄마를 포함한 여성의 몸이 소중하다는 것을 깨닫게 해 주세요.

사정은 자연스러운 일이다

사내아이들의 제2차 성징 가운데 대표적인 것으로 어느 날 갑자기 찾아오는 사정 현상을 들 수 있습니다. 성선 자극 호르몬이 고환에 영향을 주어 만들어진 정자가 정낭 속에 모이는데, 더 이상 축적하는 것이 힘들어지면 음경을 통해 한꺼번에 몸 밖으로 배출되는 현상을 말합니다. 최초의 사정 현상은 보통 밤에 자면서 꿈을 꾸다가 정액이 나오는 몽정으로 경험하는 경우가 많습니다.

부모는 딸의 월경에 대해서는 적극적인 관심을 표명하면서도 아들의 몽정에 대해서는 방관하는 경우가 많습니다. 남성 생리를 잘 모르는 엄마가 많고 자녀 교육은 엄마의 몫이라고 생각하는 아빠가 많기 때문입니다. 아들의 몽정에 대해서도 부모의 관심이 필요합니다.

아이에 따라서는 사정에 대해 굉장히 불안해하는 경우도 있는데, 병이 들어 고름이 나온 것이 아닐까 생각하기도 합니다. 또 보통 몽정 시의 꿈이 남에게 말하기에는 창피한 내용이기 때문에 죄책감을 느끼기도 합니다. 미리 아빠가 아들의 몸을 관찰해서 음모가 나고 변성의 기미가 있으면 함께 목욕을 한다든지 어떤 기회를 마련해 가르쳐 주어야 합니다. "너도 이제 많이 자랐구나. 가끔 너도 모르게 음경이 단단해져 발기하기 때문에 곤란할 때가 많겠구나. 아빠도 그랬었단다. 남자의 몸이 성숙하기 시작하면 고환 안에서 정자가 만들어진단다. 뇌에서 호르몬에 이 아이는 이제 꽤 많이 자랐다고 일러 주기 때문이지. 정자란 장차 아기를 만들 수 있는 생명의 씨앗인데, 올챙이와 비슷하게 생겼단다. 0.06mm 길이의 아주 작은 세포인데 매일 조금씩 만들어져 정낭에 모인단다.

정낭의 끝은 요도와 연결되어 있기 때문에 정낭에 정자가 가득 차 더 이상 넣어 둘 수 없으면 어떤 작은 자극에도 요도를 통해 왈칵 밖으로 쏟아진단다. 이것을 사정 현상이라고 하는데 몸이 많이 성장했다는 증거이니 놀랄 필요는 없단다. 네가 한 사람의 분명한 남성이 됐다고 생각하고 자기 몸을 소중하게 다루도록 해라"고 가르쳐 주세요.

남성의 생리를 잘 모르는 엄마의 경우 아들의 사정 현상에 민감한 반응을 보이기도 합니다. 팬티나 이부자리가 더러워졌을 때 웬일이냐고 큰소리로 야단을 치면 아이는 몹시 난처해할 것입니다. 심한 경우 몰래 혼자 이부자리를 빨거나 팬티를 사기도 합니다. 오히려 빨리 눈치를 채고 "네 팬티는 여기에 많이 있다. 필요할 때 언제라도 이곳에서 꺼내 입도록 해라" 하고 배려해 주면 아이는 엄마를 정말 고맙게 생각할 것입니다.

이성 친구가 좋아요

초등학생이 되면 남자아이는 남자아이끼리 여자아이는 여자아이끼리 따로 노는 경우가 많습니다. 또 이성 친구를 오히려 무시하고 놀립니다. 혹 이성 친구와 친하게 노는 아이들을 보면 "연애한다!"라고 놀리고 자기네 놀이 집단에 끼워 주지 않고 실제로 이성을 미워하기도 합니다. 이러한 특성 때문에 학동기를 '성적 반발기'라고도 하는데, 이러한 행동은 생리적인 원인보다 사회문화적 원인이 더 큰 것으로 여겨집니다.

남자아이의 체력이 여자아이에 비해 강한 경우가 많으므로 여자아이에게 자기의 용맹심을 보이고 싶어 난폭한 행동을 하면, 여자아이는 힘으로 당할 수가 없으니 부모나 교사에게 고자질함으로써 사이가 더 벌어지곤 합니다.

이런 양성 간의 반발은 무의식 속에 이성에 대한 흥미가 있기 때문입니다. 이러한 흥미는 여자아이, 남자아이가 점차 여성, 남성이 되어 가는 과정에서, 서로를 비교하고 배우는 단계에서 생기는 자연스러운 일입니다. 이러한 이성에 대한 관심 때문에 학급에선 누가 누구를 좋아한다는 식의 소문이나 놀림이 생겨 아이들 사이에 심한 갈등이 일기도 합니다.

더구나 최근에는 초등학생들의 신체적 성숙이 빨라지고 대중매체의 성적 자극물이 많으므로 아이들의 이성 교제에 대한 부모와 교사의 적극적인 관심과 지도가 필요합니다.

이성 교제 시기가 빨라지고 있다

초등학교 6학년생을 대상으로 한 연구•에 의하면 여자아이의 37%, 남자아이의 28.5%가 이성 교제의 경험이 있다고 응답함으로

• 〈초등학교 6학년의 이성 교제와 성 태도〉, 박병옥, 경기대학교 석사논문, 2017

써 더 이상 학동기를 '성적 반발기'라고 부르며 이성 교제에 대한 준비를 시키기에 이르다고 말할 수 없게 되었습니다. 이들 가운데 첫 이성 교제 시기는 여아는 4학년 때, 남아는 6학년 때라고 응답한 학생이 가장 많습니다. 위의 수치에서 알 수 있듯이 남아보다 여아가 이성에 대한 관심도 더 많고 첫 이성 교제 시기도 더 빠릅니다. 여아의 신체적 성숙이 남아보다 빠르기 때문일 것입니다.

교제 대상은 남아, 여아 모두 대부분이 같은 학년과 사귄다고 답하여 자연스러운 친구 관계에서 발전한 경우가 많음을 알 수 있습니다.

교제 방식은 '학교에서 보고 카카오톡이나 전화를 한다'가 57%로 과반수를 넘어 단 둘이 따로 만나는 성인들의 연애와 달리 학교에서 보고 SNS를 이용하여 소통하는 경우가 많음을 알 수 있습니다. 교제 시 주로 하는 행동에서도 '만나서 대화하기와 SNS 이용한 대화'가 절반 정도(49.3%)지만 '손잡고 다니기'도 일부(4.9%) 있어 초등학생 사이에서도 손잡기는 이성 교제 시 허용되는 신체 접촉으로 여기고 있는 것 같습니다.

이성 교제의 좋은 점은 행복한 느낌, 서로 의지하고 편이 되어주는 '정서적 지지'와 이성 교제를 통하여 주변 친구들과도 친하게 지낼 수 있는 등 '사회적 관계 확장' 또 자기의 인기를 증명하고 솔로가 아니라는 우월감을 느낄 수 있는 점 등 '또래 집단 내 지위 향상'을 들고 있습니다.

이성 교제의 불편한 점으로는 주변 친구들이 놀리고 질투하고, 또 자신도 사귀는 친구가 다른 이성과 지내는 것을 보면 질투의 감정을 느끼는 점, 다른 친구들과 관계가 멀어지는 등의 '또래 압력'과 관계가 어색하고 부담스럽고, 상대방의 기분을 맞추어야 하는 점 등 '내적 갈등'이 불편하고, 선물이나 데이트 비용 등 '경제적 부담'도 불편한 이유라고 합니다.

이성 교제 관련 고민으로는 '좋아하는 아이가 날 싫어하는 것 같다' '사귀자고 했을 때 거절하는 법' '이성 교제를 하면 성적이 떨어질까?' '한없이 좋아하면 상대가 좋아할까?' '스킨쉽은 어디까지?' '이성 교제를 하면 무슨 일이 생길까?' '남친 여친이 있는 친구들이 부럽다. 나만 왜 없을까?' 등 기초적이고 구체적인 이성 교제 고민거리를 갖고 있습니다. 어린 초등학생들이 바르게 이성 교제를 할 수 있도록 적절한 지도가 필요함을 알 수 있습니다.

또 현재 본인이 이성과의 교제 여부를 떠나서 이성 교제에 대한 찬성과 반대에 대한 응답으로는 남아는 65.9%가 찬성하고 여아는 73.3%가 찬성하여 약 2/3의 학생들이 찬성하고 있음을 알 수 있습니다. 이들의 찬성 이유는 자신들의 권리이면서 개인의 자유의사라는 의견이 지배적이었습니다. 초등학생도 서로를 좋아한다면 감정표현을 하는 것은 인권의 문제라는 것이지요. 반대하는 아동들은 그 수가 적지만 학업에 방해가 되고 어른들의 연애와 동일시하여 결혼할 것도 아닌데 또는 책임질 수 없으므로 사귀어서는 안 된다고 하였습니다.

이처럼 학동기 아동들도 이성 교제는 자신의 의사가 중요하다고 생각하고 있으며 고민도 아주 구체적임을 알 수 있습니다. 이들이 부모 몰래 고민 속에서 이성 교제를 하지 않도록, 부모의 적절한 지도가 절실히 필요함을 알 수 있습니다.

자연스러운 이성 교제는 성장에 도움이 된다

아이들이 바람직하게 이성 교제를 하기 위해서는 어릴 때부터 이성 교제를 허용하는 분위기가 마련되어야 합니다. 부모와 주위 사람들이 이성 관계를 동성 친구처럼 받아들이면, 아이들은 자연스러운 분위기 속에서 동성, 이성 가릴 것 없이 편안한 교우 관계를 만들어 나갈 수 있습니다. 그래야 아이들이 개방적이고 떳떳한 이성 교제를 하게 됩니다.

초등학생이라고 해도 이성 교제를 위한 그들 나름의 예절은 필요합니다. 만나는 장소는 오락실같이 어두운 곳보다는 밝고 개방된 장소를 선택하고, 너무 비싸지 않은 선물을 용돈의 범위 안에

서 주고받도록 지도해 주세요. 둘이서 만날 때에는 부모님에게 알리며 약속 시간을 잘 지키고, 너무 늦은 시간에 만나지 않으며 무분별하게 어른의 흉내를 내지 않도록 살펴 주세요. 무엇보다 앞으로 많은 이성 친구를 사귈 수 있으니 서로에게 부담이 되지 않으면서 일정한 거리를 두고 상대를 인격적으로 존중할 수 있도록 가르칩니다.

사실 이때는 '옷을 예쁘게 입으니까' '반장이니까' '머리카락이 길어서'와 같은 단순한 이유로 좋아하다가 역시 아주 사소한 이유로 아무렇지도 않게 돌아서곤 합니다. 요즈음은 사귄 지 '한 달 기념' '백일 기념' 등의 명목으로 어른들이 하듯이 선물도 주고받는데 '누가 누구를 찼다'라느니 '누가 누구에게 채였다'라느니 하면서 상처를 주거나 받는 아이들도 많다고 합니다. 부담을 주지 않으면서 친밀감을 표현하는 방법, 상처를 주지 않고 헤어지는 방법 같은 주제로 토론도 해 보고, 왕따 문제와 연결해 진실하게 친구 관계를 맺어 가는 일에 대해 알게 합니다.

그렇게 이성에 대한 예의를 갖추고 자연스럽게 사귀면서 학업이나 자신의 생활 리듬이 깨지지 않고 서로를 성숙시키는 좋은 기회가 된다면, 이성 교제는 아이의 성장에도 바람직합니다.

개별적인 이성 교제가 아니더라도 학급회의, 걸·보이 스카우트, 청소년 적십자Junior Red Cross 등의 여러 건전한 집단 활동을 통해 이성에 대한 호기심을 자연스럽게 채워 주고, 이성을 보는 안목을 길러 주는 것도 좋은 지도 방법입니다.

학동기 성폭력 예방을 위하여

우리나라의 13세 미만 아동을 대상으로 한 성폭력 범죄는 2021년 총 1,210건이었으며, 2012년부터 대체로 증가하는 추세를 보이다가 2020년 감소 후 2021년 다시 증가하였다고 합니다. 이는 지난 10년 동안 7.4% 증가한• 수치입니다. 한 달에 약 100건 이상의 성폭력이 13세 미만 아동에게 일어난다고 하니 이제 초등학생에게 성폭력 예방 교육은 필수가 되었습니다. 가정에서 부모님이

• 〈2022 범죄분석〉, 대검찰청, 2022

다루기 어렵다고 더는 미룰 수 없게 된 것입니다. 부모님의 이해를 돕기 위해 사례를 살펴보면 아래와 같습니다.

초등학생 2명을 성추행한 전직 교사가 실형을 선고받고 법정 구속 되었다•고 합니다. 그 교사는 자신이 담임이던 반 6학년 학생을 숙제를 안 했거나 주말 보충수업을 해야 한다는 이유로 교실로 불러 성추행했습니다. 이 사건 이전에도 담임이던 5학년 학생을 학교 규칙을 어겼다며 주말에 불러내 성추행하고, 학교를 옮긴 후에도 학생을 불러내고, 자신의 집으로 데리고 가 성추행한 혐의가 있습니다.

담임 교사가 오라고 할 때 학생들은 응할 수밖에 없었던 상황이 이해가 됩니다. 그러나 부모와 자녀가 대화가 잘되고 있었다면 상의하였을 터인데 하는 아쉬움이 남고, 성폭력 예방 교육을 받았다면 사전에 막을 수 있었던 일인 것 같아 안타깝습니다.

예방 교육이 가장 중요하다

이처럼 시대도 변했거니와 실제로 초등학생이 알고 싶은 성교

• 〈시사저널〉 1765호, 2023년 6월 12일

육 요구 내용도 '성폭력 예방법'이 가장 많았으며, 부모가 초등학생 자녀에게 필요하다고 생각하는 성교육 요구 내용도 '성폭력 예방법'이 가장 많았습니다. 이러한 결과는 성폭력에 대한 각성은 어느 정도 이루어졌지만, 예방 교육은 아직 미흡하기 때문에 나온 것입니다.

만 13세 미만의 학동기 아동에게 가해지는 어린이 성폭력은 지속적으로 피해를 입는 경우가 많아 문제가 더욱 심각합니다. 또 피해 경험이 성장 과정에 영향을 미쳐 또 다른 사회 문제를 야기할 수 있다는 것도 심각한 문제점입니다.

어린이 성폭력에 대한 일반인들의 그릇된 통념을 열거하면 다음과 같습니다.

- ◆ 성폭력은 내 아이에게는 일어날 수 없는 일이다.
- ◆ 성폭력은 여자아이에게만 일어난다.
- ◆ 성폭력은 정신 이상자나 낯선 사람에 의해 저질러진다.
- ◆ 아이에게 성폭력이 일어나면 상처가 금방 눈에 띌 것이다.
- ◆ 성폭력은 우발적인 범죄다.

그러니까 성폭력은 내 아이에게도 일어날 수 있으며, 남자아이도 성폭행당할 수 있으며, 잘 아는 가까운 사람이 계획적으로 의

도할 수도 있다는 것입니다. 그리고 성폭력이 진행되고 있는데도 주변에서 아무도 모를 수 있습니다. 믿기 어렵지만 2021년도 자료•에 의하면 아동 성폭력 피해자는 대부분이 여아이지만, 남아 피해자도 상대적으로 적은 수(11.3%)이지만 성폭행당할 수 있음을 알 수 있습니다. 또한 가해자의 절반 이상(57.5%)이 모르는 타인이지만, 친족이 17.3%, 이웃·지인이 13.8%로 적지 않은 비율을 차지했습니다. 아이에게 친족을 포함한 주위 사람들을 경계시켜야 하는 것이기 때문에 예방 교육은 더욱 어렵습니다.

그렇기 때문에 가까운 사람이 계획적으로 저지르는 성폭력을 포함해서 어떠한 경우라도 예방하기 위해서도 몇 가지 원칙을 가르쳐야 합니다.

먼저 사람의 몸은 누구도 함부로 대해서는 안 되는 소중한 것임을 알게 해야 합니다. 또 누가 내 몸을 만지거나 애정을 표현할 때도 좋은 느낌과 나쁜 느낌이 있음을 알려 주고 그것을 바로 느낄 수 있고 표현할 수 있게 해야 합니다.

예를 들면 좋은 느낌은 엄마에게 안길 때, 아빠 무릎에 앉아 있을 때, 동생에게 뽀뽀할 때, 할머니가 쓰다듬어 줄 때 등이며, 나쁜 느낌은 친구가 머리카락을 당길 때, '아이스케키' 하며 치마를

• 〈2022 범죄분석〉, 대검찰청, 2022

들어 올릴 때, 낯선 사람이 예쁘다며 머리나 엉덩이를 만질 때 등입니다. 아이와 이러한 느낌에 관해 이야기를 나누며 생각을 공유하고 그때의 느낌을 표현해 보게 하세요. 그리고 나쁜 느낌이 들 때에는 언제나 "싫다"고 분명히 표현하고 그 상황을 피해야 한다고 알려 주세요. 또한 어떤 경우라도 엄마와 아빠에게 이야기해야 한다고 말합니다. 잘 아는 사람이나 아무리 가까운 사람이라도 네가 싫으면 네 몸을 만질 수 없다는 것을 알려 주세요. 성적 행동 즉 자신의 몸과 관련된 행동은 자기 스스로 결정할 권리가 있어서 법률적으로 '성적자기결정권'이라는 용어를 써서 보호받는다는 것도 알게 해 주세요.

또 '좋은 비밀'과 '나쁜 비밀'의 차이를 알게 해 주세요. 어떤 사람이 '나쁜 느낌'의 행동을 하고 나서 "우리끼리의 비밀이다. 아무에게도 말하지 마라" 또는 "말하면 죽이겠다"라고 협박할 수도 있다는 것을 말해 주세요. 그리고 다른 사람을 도와주기 위해 지켜주는 좋은 비밀도 있지만 좋은 일인지 나쁜 일인지 잘 모를 때에는 어른과 의논해야 한다고 부드럽게 부탁하세요. 그리고 의심스러운 일이 있을 때는 언제든 연락할 수 있도록 엄마와 가족의 전화번호를 알고 있게 하세요.

또한 성폭력이 일어난 사례를 들어 그럴 경우 어떻게 대처하는 것이 좋을지 이야기해 보세요. 낯선 사람이 길을 알려 달라며 차에 타라고 한다든지, 혼자 집에 있는데 아는 사람이라며 문을 열라고 한다든지, 잘 아는 사람이 과자나 장난감 등으로 유혹하거나 무얼 가르쳐 준다며 몸을 붙잡고 이상한 행동을 할 경우, 성폭력이 일어날 가능성이 있음을 알려 주어야 합니다.

조금이라도 이상한 기분이 들면 가만히 참고 있거나 혼자 해결하려 하지 말고 우선 그 상황을 피하고 언제라도 부모님과 상의하도록 지도해 주세요. 학교나 학원에서도 너무 늦게까지 혼자 있지 않게 하며 어둡거나 한적한 길로 다니지 않게 하세요.

그리고 성폭력 예방 교육이 가질 수 있는 부정적인 면, 성에 대한 부정적 생각(공포감, 불결감 등)과 공경의 대상이었던 권위자(부모나 교사 등)에 대한 부정적 태도를 최소화할 수 있도록 성보다는 폭력에 초점을 맞추고 성폭력을 가하는 나쁜 어른들보다는 아이들을 보호하려는 어른들이 더 많다는 것도 일러 줍니다. 소수의 사람이지만 그 피해는 크기 때문에 조심해야 하는 것이라고도 알려 줍니다.

조기 발견을 위해 아이들이 다음과 같은 행동을 보일 때 주의 깊게 관찰하고 의심해 보아야 합니다.

✦ 어둠을 두려워하고 밤에 잘 때에도 불을 켜 놓으려 한다.

✦ 잠자는 것을 무서워하고 악몽을 자주 꾼다.

- 낮에 혼자 있는 것을 싫어하고 문을 꼭꼭 닫아 놓는다.
- 특정 인물, 장소, 물건 등을 두려워한다.
- 이유 없이 화를 내거나 울고, 예민하게 반응하며 불안해 한다.
- 이전과 달리 자주 우울해한다.
- 오줌을 싸거나 손가락을 빠는 등 더 어린아이 같아진다.
- 평소보다 더 많은 보호를 요구하고 부모에게 매달린다.
- 밥맛을 잃거나 또는 음식을 너무 많이 먹는다.
- 평소에 좋아하던 오락이나 게임, TV나 인터넷에 흥미를 잃는다.
- 비뇨 생식기 통증, 복통, 두통 등을 호소한다.
- 집중력과 학교 성적이 떨어지고 친구들과 잘 어울리려 하지 않는다.
- 죄책감을 보이고 자주 씻는 경향이 있다.
- 자위행위 등 나이에 맞지 않는 성적 행동을 한다.
- 자신을 꼬집는 등 자기 학대 행동을 보인다.

네가 잘못한 게 아니야

만일 불행한 사태가 일어났다면 부모로서 대처하기가 쉽지 않지만 감정을 통제하고 아이에게 침착한 모습을 보여야 합니다. 가능한 한 차분한 태도로 다음과 같이 처신해야 합니다.

- ✦ 자녀의 말을 진지하게 듣고 의심하지 말고 그대로 믿어 준다.
- ✦ 흥분하여 아이를 다그치거나 상황 설명을 강요하지 않는다.
- ✦ 숨기지 않고 말한 것에 대해 칭찬하며 고마워한다. 이제부터는 안전하게 지켜 줄 것을 확신시킨다.
- ✦ 아이에게 이 일은 너의 잘못이 아니며 그런 일이 있었더라도 너는 여전히 착하고 좋은 아이라고 말해 준다. 폭행당한 아이가 혼자만은 아니며 교통사고처럼 누구에게나 일어날 수 있는 일임을 알게 한다.
- ✦ 아이를 배려하고 존중하여 자존심을 유지할 수 있도록 한다.
- ✦ 상황을 가급적 상세히 기록하고 증거가 될 만한 물건은 그대로 보관한다.
- ✦ 아이 앞에서 가해자에 대해 심한 말은 삼간다. 자기 때문에 그 사람이 곤란하게 되었다는 죄책감을 가질 수 있다.

- ♦ 몸을 씻기거나 옷을 갈아입히지 말고 그대로 즉시 병원에 데리고 가서 도움을 받는다.
- ♦ 정신적인 후유증이 있을 수 있으니 반드시 소아정신과를 방문한다.
- ♦ 경찰이나 전문 기관의 도움을 받고 상담을 의뢰한다.
- ♦ 아이의 일상생활은 그대로 유지하고 손상된 인간관계나 사회생활을 회복할 수 있도록 도와준다.
- ♦ 일이 마무리되면 아이 앞에서 더 이상 이 일에 대해 언급하지 않는다.

학동기 디지털 성폭력 예방을 위하여

성폭력 예방 교육과 더불어 새롭게 대두되는 '디지털 성폭력'에 대한 이해와 예방 교육에 대한 관심도 요구됩니다. 디지털 성폭력이라는 낯선 용어는 사이버 성폭력, 온라인 성폭력으로도 불리는데 디지털 기기를 이용하여 개인의 인격을 침해하거나 성적자기결정권을 침해하는 행위를 말합니다.

2021년 13세 미만 아동을 대상으로 한 성폭력 범죄는 총 1,210건이었습니다. 그 피해의 유형에는 강제추행(65.8%)이 가장 많고, 강간·간음(19.5%)이 그다음이며, 세 번째 많은 유형이 디지털 성폭력 유형(통신매체를 통한 음란행위, 카메라 등을 이용한 촬영, 촬영물 등을 이용한 협박 및 강요)으로 11.8%에 이릅니다.• 이러한 상황에서 부모들이 디지털 성폭력에 관심을 갖지 않을 수 없습니다.

초등학교 저학년생들 가운데에도 비상시에 대비하여 키즈폰을 갖고 있는 아동들이 있고, 고학년이 되면 급격하게 휴대폰이나 컴퓨터를 많이 사용하고 있습니다. 이때 이들은 이 새롭고 놀라운 기능의 디지털 기기를 알아가면서 생각지도 못한 성폭력 피해를 입거나 가해자가 되기도 합니다. 이 상황을 이해하기 위하여 디지털 성폭력에 관한 인터뷰에 기초한 연구••에 실린 사례를 살펴보면 다음과 같습니다.

사례 1

한 명의 친구가 다른 여자애의 사진을 찍은 거예요. 그걸 다른 남자애들이 있는 단톡방에 올린 거예요. '얘 되게 꼴린다고'. (중략) 그 사진 보고 그냥 자기가 인터넷에서 많이 본 표현을 한 거예요. 진짜 자기가 '꼴린다' 이게 무슨 말이어서 한 게 아

• 〈2022 범죄분석〉, 대검찰청, 2022

•• 〈초등학생 디지털 성폭력 진단과 교육적 해결을 위한 연구〉, 김현진, 중앙대학교 석사논문, 2023

니라 (중략) 인터넷에서 본 반응을 재생산하는 (중략) '왜 그런 말을 썼어?'라고 하면 얘는 할 말이 없는 거예요. 왜? 의도가 있어서 한 말이 아니니까.

사례 2

아이들이 친구들 사진 이런 거를 합성하거나 이걸 좀 이상한 데 붙여서 친구들한테 짤로 보내는 경우가 있는 거예요. 무슨 춤추는 영상인데 거기에 자기 얼굴을 합성해 가지고 (중략) 그 거를 인스타그램 릴스에 올렸더라고요. 근데 그게 그 춤추는 여자, 가슴이 일단 진짜 크고 머리카락도 길고 하니까… (중략) '선생님 이거 이렇게 하는 거 진짜 많아요' 하면서 그 영상 합성된 다른 얼굴이 (중략) 진짜 많더라고요. (연구자: 왜 본인 스스로 합성을…?) 그게 유행이니까. 그 릴스가 유행이니까.

사례 3

페이스북에서 만난 오빤데 '너 지금 프사 예쁜데 나 원본 보내주면 안 돼?' 이렇게 해서 보냈다는 거예요. 그냥 아무 생각 없이. 근데 그 사진이 크롭티를 입었으니까 허리랑, 짧은 바지를 입었으니까 다리 이렇게만 보였다는 거예요. 그 남자가 '이 사진 보고 내가 너 생각 많이 해도 돼?' 뭐 이런 식으로 얘기했는데 (중략) 얘가 그때는 이게 무슨 말인지 몰라서…

이처럼 디지털 네이티브 세대로 불리는 학동기 아동들이 본격적으로 디지털 기기를 다루기 시작하면서 디지털 성폭력 유형인 이미지 합성, 이미지 성희롱, 언어적 성희롱, 혐오 표현 등을 놀이처럼 여기고 문제의식을 갖지 못하는 경우가 많다는 것을 알 수 있습니다. 또한 '온라인에서 형성된 대인관계'에서 발생하는 '위계성'으로 인해 온라인 스토킹, 사이버 불링, 낯선 사람과의 만남으로 이어지는 피해 상황이 생길 수 있음을 짐작할 수 있습니다. 이러한 디지털 성폭력 사례는 점차 늘어나는 실정입니다.

초등학생 디지털 성폭력예방을 위한 교육부 정책

디지털 성폭력 발생 건수가 늘어나면서 2020년 관계 부처 합동으로 '디지털 성범죄 근절대책'이 수립되었습니다. 이후 공개된 '교육분야 성희롱·성폭력 근절대책 추진현황 및 향후계획'의 과제로 발표된 보완 내용에서는 중·고등학생을 대상으로만 했던 디지털 성폭력 실태조사를 초등학생까지 대상을 확대한다는 내용이 포함됩니다. 이는 그루밍*, 불법 촬영 유포 등의 최근 성폭력 유형을 반영하기 위한 것이라 합니다. 이 이외에도 학교 내 성 고충 업무 담당자의 역량 강화 교육의 내실화, 디지털 성범죄 관련 교원의 징계 강화 방안 등이 포함되어 있습니다.••

디지털 성폭력의 예방 교육은 대표적으로는 디지털 리터러시 교육을 들 수 있습니다. 디지털 리터러시(미디어 리터러시) 기반 성교육은 영화, 드라마, 뮤직비디오 등이 보여 주는 대로 성 행동을 하면 낭만적이고 행복한 삶을 살 수 있는가를 비판적으로 사고하게 하는 교육임과 동시에 미디어 속에서 표현되는 성 관련 메시지를 학생 스스로 비판할 수 있도록 가르치는 것•••입니다. 디지털 사회의 구성원으로서 미디어 내용에 대해 윤리적 태도를 가지고 디지털 매체를 이해하고 활용할 수 있도록 교육하는 것입니다. 결코 쉽거나 간단한 문제는 아닙니다. 이 디지털 리터러시 교육을 통

• 가해자가 피해자를 성적으로 학대하거나 착취하기 전에 대상의 호감을 얻고 신뢰를 쌓는 등 피해자를 심리적으로 지배한 상태에서 자행하는 성범죄를 가리킨다. 일반적으로 교사와 학생, 성직자와 신도, 복지시설의 운영자와 아동, 의사와 환자 등의 관계에서 나타나는 사례가 많다. (《시사상식사전》, NAVER 지식백과, 23. 9. 3)

•• 김현진, 앞의 논문 참고

••• 〈미디어 리터러시 기반 성교육이 청소년의 성인지감수성과 성적자기결정권에 미치는 효과〉, 한윤지, 부산대학교 석사논문, 2021

해 성인지감수성[•]을 키우는 것이 중요한 목적입니다. 그러나 이 교육은 청소년 시기에 보다 깊이 있게 다루어질 것이며 초등학생의 경우 앞으로 체계적으로 교육하기 위한 기초 교육으로 이루어지는 것이 적절합니다.

앞에서 언급하였듯이 성교육은 인격 교육인 만큼 어려서부터 부모와의 대화로 타인에 대한 존중과 평등 의식이 생활의 기본 태도로 갖추어져 있고, 가정에서도 매체 내용에 대한 토론이 이루어진다면 자녀의 성인지감수성 감각 역시 자연스럽게 길러질 것이라고 생각됩니다. 하지만 요즘 자녀들이 활발히 쓰는 익명성의 비대면 공간에 익숙지 않은 부모들은 특별히 많은 관심을 가질 필요가 있습니다.

• gender sensitivity, 젠더 감수성, 성인지 등으로도 번역됨. 남녀의 성차별적이고 성 고정관념 등 불평등을 지각하고 비판할 수 있는 의식 및 인식 능력

초등학생 성추행

"아이가 밝게 회복되는 데 초점을 맞추세요"

Q

저녁 무렵 과제 준비물 때문에 잠깐 문구점에 다녀온다고 나간 초등학교 1학년생 딸이 조금 뒤 완전히 겁에 질린 모습으로 얼굴이 엉망이 되어 울면서 들어왔습니다. 너무 놀라 물으니 처음엔 말도 제대로 못 하다가 털어놓은 이야기는 다음과 같았습니다.

집에서 얼마 떨어지지 않은 곳에서 어떤 아저씨가 접근하여 "어디 가느냐" "뭐 사러 가느냐"고 친근하게 묻더니 "할 이야기가 있다"며 구석진 곳으로 데려간 후 갑자기 본인의 성기를 꺼내어 아이의 입에 넣으려고 했다는 것입니다. 아무런 의심도 없이 따라갔던 아이는 너무 놀라고 무서워서 소리를 지르며 발버둥 쳐서 겨우 도망 나왔다고 합니다. 아이 엄마는 감당하기 어려운 분노에 휩싸였지만 우선 아이를 달래는 것이 급선무였습니다. 아빠를 불러 아이에게 우황청심환을 먹이고 함께 달랬지만 아이는 잠들지 못하고 두려움에 떨었습니다. 부모들도 충격으로 혼란스러워하면서 어떻게 대처해야 할지 모르겠다며 전화 상담을 신청해 왔습니다.

A

어린 아동들은 어른들의 말을 잘 듣도록 교육되었기 때문에 성폭력 또는 성추행 피해자가 되기 쉽습니다. 안타깝지만 어른이라고 하더라도 낯선 사람을 경계하도록 가르치는 것이 필요한 현실입니다.

우선 어머니에게는 "먼저 경찰에 신고하고 부모가 흥분하고 큰일이 난 것처럼 우왕좌왕하면 아이는 본인에게 심각한 문제가 발생했다고 단정 짓고 더욱 상처받을 수 있으니 일단 진정하고 차분히 대처하라"고 일렀습니다. 아이에게는 그 나쁜 사람을 잡아 달라고 경찰에 신고했으니 걱정하지 말라고, 이제부터는 엄마 아빠가 지켜 줄 거라고 이야기했습니다.

부모는 아이를 위로하고 진정시키기 위해 이렇게 이야기 했다고 합니다.

"네가 정말 많이 놀랐을 텐데 잘 피하고 달려와서 다행이다. 네가 놀랐을 것을 생각하면 엄마 아빠가 가슴이 아프다. 이 세상에는 좋은 사람도 많지만 나쁜 사람도 많이 있단다. 그 사람은 너한테 하면 안 될 행동을 한 거야. 때때로 잘못하지 않았는데도 사고가 일어날 수 있듯이, 너는 아무 잘못하지 않았는데 사고를 당한 거란다. 이런 일을 성추행이라고 하는데 세상에는 이상한 사람들이 있어서 너 말고도 이런 일을 당하는 사람들이 있단다. 무서운 꿈을 꾸었다고 생각하자. 솔직하게 다 이야기해 줘서 고맙다. 이제부터는 어두워진 뒤에는 혼자 나가지 말고 낮에도 사람이 많은 큰길로 다니자. 너를 그때 혼자 내보낸 것이 많이 후회되고 미안하구나. 네가 힘든 상황에서 잘 행동해 주어 고맙다."

그 후로 아이는 혼자서는 집 밖에 나가려고 하지 않았기 때문에 학교에도 엄마가 데려다주고 데리고 왔으며 엄마가 가급적 집에 있기로 했다고 합니다. 엄마 자신이 침착하게 대처하기가 너무 힘들다고 토로하여 엄마의 정서 안정을 위해서도 몇 차례 상담이 필요했고 지속적으로 상황에 따른 전화 상담을 했습니다.

소심하게 위축되고 잠자다가 자주 놀라서 깨는 아이를 위해 놀이치료를 해 볼까도 생각했지만 아이가 자신이 겪은 일을 더 심각하게 받아들일 수 있어 엄마가 아이를 좀 더 잘 돌볼 수 있도록 지도했습니다. 당분간은 엄마가 아이를 데리고 자도록 했으며, 아이의 행동을 지지하고 격려하라고 조언했습니다. 아이가 잠시라도 그 일을 잊고 즐거워하고 가족의 든든한 울타리를 느낄 수 있도록 신경을 써 줄 것을 당부했습니다. 학급 담임 선생님께 상의를 드리고 아동 성폭력상담센터에서 도움을 받는 문제는, 여러 가지 정황을 고려해서 결정해야 합니다. 이 경우에는 아이가 다시 상처받을지 모른다고 우려한 부모 생각을 존중해서 경찰에 신고하고 수사를 의뢰하는 선에서 대외적인 공개는 마무리 지었습니다.

그 후 아이 앞에서 그 상황에 대한 언급은 자제했고, 공부방은 당분간 쉬기로 하고, 아이가 활기를 찾을 수 있도록 엄마가 다니는 스포츠센터에 함께 나가기로 했습니다. 부모가 매우 잘 대처하여 예후가 좋았음에도 불구하고 아이가 정서적으로 안정되고 일상으로 돌아오기까지는 여러 달이 걸렸습니다. 이 일을 계기로 가족이 더욱 화합할 수 있게 되고 아이와 부모의 관계도 돈독해져서 아이는 몇 달 뒤부터 혼자서 밖에 나갈 수 있게 되었습니다.

참고로 성폭력상담센터를 이용하면 피해 당사자나 피해자 가족 및 친구 또는 지원자가 면담, 전화 상담 또는 인터넷 상담을 통해 도움을 받을 수 있음을 알려 드립니다. 구체적인 지원 내용은 심리적·법률적·의료적 지원으로 나눌 수 있습니다. 심리적 지원은 일반적으로 심리치료센터 및 치유 프로그램을 연계하여 도움을 주고 있습니다. 법률적 지원은 법률 상담 및 정보를 제공하고, 경·검찰 조사 및 법정에 동행해 줄 수 있으며 변호사 상담 연계 및 무료 법률 구조 지원을 하고 있습니다. 의료적 지원은 산부인과·신경정신과 등의 의료기관을 연계해 주며, 성폭력 피해 정황 검사 및 진료비를 지원해 줍니다. 그 외에도 보호 시설 연계 등도 해 주고 있으므로 충격적인 사건으로 힘든 성폭력·성추행 피해자는 상황에 따른 적절한 도움을 받을 수 있습니다.

우리 사회에서는 아직도 많은 성폭력 피해자들이 자신의 신분이 노출되는 것을 원치 않아 필요한 지원을 포기하는 사례가 많습니다. 피해자를 보는 주위의 시선에도 변화가 필요하고 피해 당사자도 개인의 문제를 넘어서서 사회 문제로 바라보려는 시각이 필요합니다. 그러나 무엇보다 아이가 밝게 회복되는 것에 초점을 맞추어 아이에게 부담이 적은 방향으로 상담하고 지원해야 할 것입니다.

학동기 자녀들이 궁금해하는 질문들

학동기 자녀들이 궁금해하는 것을 모아
부모님이 답변할 수 있도록 정리했습니다.

호기심이 많고 탐구열이 높은 아이는 성과 관련된 질문도 많이 합니다. 연령이 높아지면 상당히 어려운 질문도 해 옵니다. 다양한 정보를 접하고 자기 몸의 변화를 직접 느끼기 때문에 절실한 문제로 다가오는 것입니다. 대답하기 곤란하다고 느껴지는 문제도 솔직하고 친절하게 응답하면 아이들은 의외로 단순하게 수긍합니다. 실제로 "매춘부가 뭐예요?"라고 묻는 초등학생에게 "돈 받고 몸을 파는 여자"라고 말하자 "아~ 알아요, 그 마피아가 하는 나쁜 짓" 하면서 대답에 만족스러워한 경우를 본 적이 있습니다. 솔직하고 가볍게 대답하면 대부분 자기 수준에서 받아들입니다. 질문 중에 우리 아이가 했던 것도 있는지 한번 살펴보세요.

Q 왜 성기를 말하면 욕이 되나요?

A 성기는 다른 사람에게 보여 주지 않는 비밀스러운 곳이기 때문에 입에 올려 드러내면 사람들은 불쾌함을 느낀단다. 상대를 기분 나쁘고 부끄럽게 하려는 의도로 하는 말이 욕이기 때문에 성기에 관련된 말을 상대에게 하면 욕이 될 수도 있단다.

Q 좁은 자궁 속에서 어떻게 아기가 살아요?

A 아기가 자라면서 자궁도 늘어난단다. 풍선만큼은 아니지만 자궁도 잘 늘어나는데, 보통 때 크기의 20배 정도로 늘어날 수가 있단다.

Q 어떻게 배 속의 아기는 양수 속에서 숨을 쉬나요?

A 태어나기 전의 아기는 입이나 코로 숨을 쉬지는 않는단다. 그래서 엄마 배 속의 물속에 있어도 우리가 물에 빠진 것과는 다르게 편안하단다.

Q 아기는 어떻게 자궁 속에서 먹고 숨을 쉬나요?

A 아기는 음식과 공기를 탯줄이라는 긴 줄을 통해서 얻는데, 이 줄의 한쪽 끝은 아기의 배꼽에 연결되어 있고 다

른 쪽은 태반이라 불리는 엄마 자궁의 한 부분과 연결되어 있단다. 그래서 이 줄을 통해서 엄마의 혈관에서 아기의 혈관으로 영양과 산소가 보내지므로 아기는 밥을 먹지 않고 숨을 쉬지 않아도 잘 자랄 수 있단다.

Q　자궁은 얼마만 한가요?

A　자궁은 임신하기 전에는 자기 주먹의 반만 한데 임신이 되어 아기가 커지면 자궁도 점점 늘어난단다. 엄마가 아기를 낳게 되면 자궁은 즉시 줄어들어 작아지기 시작하는데, 약 6주 정도 지나면 다시 본래의 크기로 돌아가게 된단다.

Q　아기는 자궁 속에서 움직이나요?

A　처음 몇 달은 양수 속에서 헤엄치듯 놀지만 엄마는 이 움직임을 거의 느끼지 못하다가, 다섯 달이 지나면 아기가 자궁 속에 차도록 자라서 엄마가 조금씩 느낄 수 있단다. 태아가 팔을 움직이거나 발로 차는 것 같은 움직임을 태동이라고 하는데, 엄마는 네가 배 속에서 움직일 때마다 태동을 느끼면 얼마나 신기하고 사랑스러웠는지 모른단다.

Q 배꼽 줄을 자를 때 아프지 않나요?

A 배꼽 줄은 탯줄 또는 제대라고 하는데, 이 줄에는 신경이 통해 있지 않아서 줄을 묶고 잘라 내도 엄마와 아기 모두 아프지 않단다. 네 배꼽을 보렴. 그때의 흔적을 볼 수 있지.

Q 아기가 엄마 배 속에서 움직일 때 아픈가요?

A 아기가 생긴 지 5개월이 지나면 엄마는 태동을 느낄 수 있지. 또 임신 말기에 아기가 심하게 움직이면 엄마 배도 불룩불룩 움직이기 때문에 다른 사람이 봐도 알 수 있을 정도란다. 그래서 아빠도 엄마 배에 손을 대 보고 태동을 통해 생명의 신비를 체험할 수 있단다. 엄마는 전혀 아프지 않고 '우리 아기가 건강하고 활발하구나' 하고 느낄 수 있어서 안심이 되고 아기가 더 사랑스럽게 느껴진단다.

Q 아기는 어떻게 배꼽으로 양분을 받을 수 있나요?

A 아기가 엄마 배 속에 있을 때에는 아기의 배꼽에서 나온 탯줄이 엄마 자궁의 한 부분인 태반과 연결돼 있어. 그러니까 엄마 몸과 아기 몸이 연결돼 있고 그 사이에는

혈관이 흐르지. 엄마 쪽 태반에서 영양분과 산소가 혈관을 통해 아기에게 보내지고 아기의 몸에서 생긴 필요 없는 노폐물은 또 다른 혈관을 통해 엄마의 태반으로 전달된단다. 말하자면 아기는 가만히 있어도 배꼽으로 엄마의 영양분을 받을 수 있고 노폐물은 내보낼 수 있는 특별한 장치를 갖고 있는 셈이지.

Q 어떤 엄마는 배를 째고 아기를 낳았다던데요?

A 여러 가지 이유로 엄마가 아기 낳는 길을 이용할 수 없을 때가 있어. 그럴 경우에는 의사의 도움을 받아 배를 가르고 아기를 꺼낸 다음 다시 꿰맨단다. 이런 방법으로 아기를 받아 내는 수술을 '제왕 절개 수술'이라고 하는데, 상처가 아물 동안 엄마는 기침도 마음대로 못 할 만큼 고생을 하게 되지. 그러나 이렇게 얻은 아기도 사랑스럽기는 마찬가지란다.

Q 엄마는 배 속에 아기가 생긴 것을 어떻게 아나요?

A 엄마의 몸에서 매달 나오던 월경이 중지되면 일단 임신일지도 모른다고 생각해 본단다. 그런데 확실히 알기 위해서는 병원에 가서 검사를 해 보면 된단다.

Q 임신했을 때 쌍둥이인지 아닌지 알 수 있나요?

A 의사의 진찰을 받아 보면 알 수 있지. 의사가 청진기를 엄마의 배에 대고 아기의 심장 박동 소리를 들어 보면 심장 소리가 한 아기의 것인지 두 아기의 것인지, 그 이상인지 알 수 있단다. 더 확실히 알아보기 위해 초음파 촬영기로 자궁 속을 찍어 보는 방법도 있단다.

Q 만약 임신한 엄마가 죽으면 아기는 어떻게 되나요?

A 어떤 경우라도 불행한 일이지만 태아의 상황에 따라 다르단다. 엄마가 죽게 되었을 때가 임신 초기라면 태아도 살 수 없지만, 태아가 많이 자란 경우라면 의사의 도움으로 즉시 아기를 꺼내고 인큐베이터를 이용해서 아기를 키울 수가 있단다. 요즈음은 엄마 배 속에서 다 자라지 못한 아기도 살려낼 수 있을 정도로 의술이 발달했단다.

Q 인큐베이터가 뭐예요?

A 인큐베이터란 엄마 배 속과 같은 온도·습도·산소를 공급하는 조그마한 유리 상자란다. 아기가 너무 일찍 나왔거나 아프거나 하면 이 인큐베이터 안에서 엄마 배 속에서처럼 보호를 받을 수 있단다.

Q 언제 성교를 하나요?

A 부부 둘만이 있는 조용한 시간에 서로 사랑을 표현하고 싶을 때 성교를 하는 거란다.

Q 어떻게 엄마에게서 젖이 나오나요?

A 아기가 생기면 엄마의 몸은 태어날 아기에게 줄 젖을 만들기 위해 준비를 한단다. 젖이 나오는 샘, 그러니까 젖샘이라는 것이 발달하게 되는데 이 때문에 아기가 태어나면 자궁으로 가던 영양분이 방향을 돌려 젖샘으로 가게 돼 젖이 나오는 거야.

Q 내 배 속에도 아기 알이 있어요? (여자아이의 경우)

A 물론이지. 여자는 태어날 때부터 난소라는 곳에 아직 자라지 않은 미성숙한 알(난모 세포)을 갖고 있단다. 여자아이가 사춘기가 되면 이 미성숙한 알이 성숙하는데, 알이 성숙하면 다 익은 꽃씨가 저절로 떨어지듯 이 알이 한 달에 한 번씩 양쪽 난소에서 번갈아 가며 떨어져 나온단다. 이것을 배란이라고 하는데 몸으로 그 증상을 느낄 수는 없어서 배란되었는지 안 되었는지 알 수가 없단다. 그렇지만 월경을 하게 되면 약 2주일 전에 배란이

되었다는 것을 알게 되는 거지.

Q 여자는 몇 살에 월경을 시작하나요?

A 사람마다 다르지만 보통 10~16세 사이에 시작한단다. 그런데 만약 첫 월경인 초경이 10세 이전에 시작되었다면 성조숙증일 수 있어서 의사의 진단을 받아 볼 필요가 있단다. 또 15~16세가 되어도 초경을 시작하지 않는다면 역시 의사의 진단을 받아 그 원인을 확인해 볼 필요가 있단다.

Q 월경 중엔 아픈가요?

A 월경이 있다고 해서 성기가 아프진 않단다. 그렇지만 사람에 따라서는 허리나 배가 아프기도 하고, 신경이 예민해지기도 해. 월경 때 아픈 것을 생리통이라고 한단다.

Q 월경은 한번 시작하면 죽을 때까지 하나요?

A 아니지. 대부분의 여자들은 50대에 월경이 중단된단다. 이것은 배란이 중지됐다는 걸 뜻하기 때문에 더 이상 임신할 수 없다는 뜻이기도 해.

Q 임신 중에도 월경을 하나요?

A 아니, 임신하면 월경은 멈춘단다. 아기가 태어나고 자궁이 다시 정상적으로 건강해져야 또다시 월경이 시작되는 거야. 그래서 월경이 멈춘 것으로 '임신이 됐구나' 하는 걸 알 수 있는 거란다.

Q 월경이 시작된 여자가 월경이 안 나오면 임신한 건가요?

A 반드시 그런 건 아니란다. 처음 월경을 시작하는 소녀들은 생식 기관이 덜 성숙했기 때문에 흔히 몇 달씩 거르기도 한단다. 그리고 성교를 하지 않은 소녀가 임신을 염려할 필요는 전혀 없지. 요즈음에는 스트레스나 다이어트 때문에 월경을 거르는 여자들이 많아진다고 하더구나. 월경은 여성 건강의 증표이기도 하니, 몇 달씩 월경을 거르면 병원에 가 봐야 한단다.

Q 월경 주기란 무엇인가요?

A 월경이 시작된 날부터 다음 월경이 시작되기까지의 기간을 말하는데, 건강한 사람은 대개 이 주기가 일정하단다. 예를 들면, 4월 1일에 시작해서 5일간 월경을 하고 또다시 4월 30일에 시작했다면 1일에서 29일까지, 즉

29일이 이 사람의 월경 주기가 되는 것이란다.

Q 월경주기 팔찌에 관해 알고 싶어요.

A 월경을 하는 여성이 남성과 성관계하면 임신을 하게 되는데, 임신은 언제나 이루어지는 것이 아니고 난자가 나오는 배란일을 전후하여 이루어진단다. 만약 우리가 월경주기를 알고 있고, 월경 시작일을 안다면 배란일을 추정해 볼 수 있어서 임신 가능 기간 즉 가임기를 추정해 알 수 있는데 그것을 쉽게 이해하도록 교육용으로 만들어진 팔찌란다.

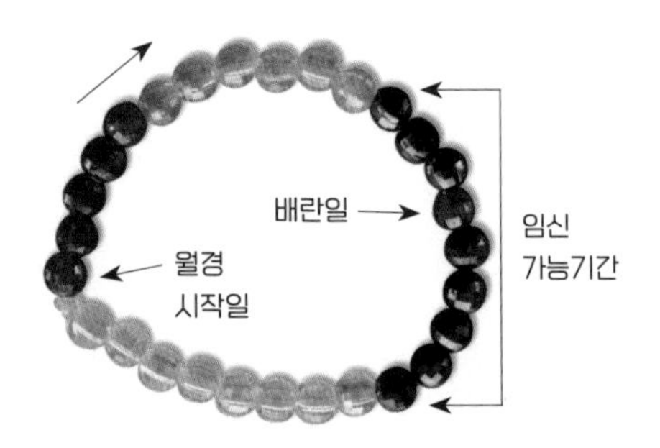

월경주기 팔찌

Q　정자란 뭐죠?

A　남자의 정액 속에 들어 있는 아주 작은 세포인데 네가 어릴 때는 아기 씨라고 설명해 주었지. 이 정자가 여자 몸속에서 난자(아기 알)를 만나면 아기로 성장할 수 있는 수정란이 된단다. 정자는 고환에서 만들어지는데 남자아이가 사춘기가 되면 원시 생식 세포가 분화하고 성숙해서 정자가 된단다. 난자의 1/40 크기로 아주 작고 헤엄치기 좋게 꼬리가 달려 있단다.

Q　포경 수술이 뭐예요?

A　남자의 음경을 싸고 있는 겉껍질이 음경 끝을 이중으로 덮고 있어서 겹치는 부분에 남는 표피를 잘라 버리는 수술을 말한단다. 음경이 불결해질 수 있기 때문에 수술을 하는데 반드시 해야 하는 것은 아니란다. 요즘엔 남자아이가 갓 태어났을 때 하는 경우가 많은데 별로 아프지도 않고 수술도 간단하단다.

Q　몽정은 무엇인가요?

A　남자 몸에서 정자가 만들어지면 정자는 정낭이라는 주머니에 모이게 된단다. 정낭에 정자가 가득 찼을 때 자

다가 성에 관한 꿈을 꾸면 정액이 밖으로 나오는데 이걸 몽정이라고 하지. 잠에서 깨어났을 때 그 정액이 흘러나온 흔적을 볼 수 있단다. 대부분의 소년이 겪는 일이고 필요 없는 정자를 밖으로 내보내는 자연스러운 일이니 당황할 필요는 없어. 정액이 몸 밖으로 나오는 걸 사정이라고 하고, 자다가 꿈꾸며 나오는 건 몽정이라고 한단다. 그러니까 몽정은 사정의 한 형태란다.

Q　몇 살에 몽정이 시작되나요?

A　보통 10세에서 15세 사이에 시작돼. 이것도 여자의 월경과 마찬가지로 시작되는 시기가 사람마다 다른데 그 시기가 중요한 건 아니란다. 성인이 되기 위해 겪는 보편적이고 자연스러운 육체적 증상이란다.

Q　얼마나 자주 꿈속에서 사정하게 되나요?

A　여자의 월경 주기처럼 정해진 기간은 없단다. 어떤 아이는 1년에 한두 번 하고, 또 어떤 아이는 한 달에 한두 번 하기도 하니까.

Q　음경은 어떻게 발기하나요(딱딱해지나요)?

A 음경 속에는 해면체가 있단다. 소변을 보고 싶거나 어떤 성적 자극을 받으면 피가 들어오는 동맥의 문은 열리고 나가는 정맥의 문이 닫히지. 해면체에 피가 들어와 충혈이 되면서 음경이 부풀듯 커지고 딱딱해지는 거야. 그런데 어떤 자극에 대한 발기는 자기 마음(의지)과 상관없이(척추 신경을 통해서 일어나기 때문에) 저절로 일어나는 반사적인 행동이란다. 마음은 안 그러려고 하는데 발기가 돼서 곤란해지기도 한단다.

Q 사정을 하게 되면 아빠가 될 수 있는 건가요?

A 그럴 수 있는 가능성이 생기는 거지. 정자가 나오기 때문에 여자와 성교를 하게 됐을 때, 난자를 만나게 되면 임신이 되지. 그러나 성교는 결혼 후에 하는 것이 우리 사회의 규칙이고, 아빠가 된다는 건 책임이 따르는 일이기 때문에 어린 나이에 감당할 수는 없단다. 사랑하는 사람과 결혼 후 오래 행복하게 살기 위해서는, 또 좋은 아빠가 되기 위해서는 자기 몸을 소중하게 다루어야 한다는 걸 잊어서는 안 돼.

Q 사정한 정자는 모두 난자에게로 가나요?

A 오직 하나의 정자만이 난자 속에 들어갈 수 있단다. 하나가 들어가자마자 난자의 껍질이 단단해져서 더 이상 정자를 받아들일 수가 없단다.

Q 정자가 자라 아기가 되나요?

A 아니란다. 정자도 난자도 혼자서는 아기가 될 수 없어. 엄마의 난자와 아빠의 정자가 만나 합해져야 새 생명이 생겨서 임신이 되는데, 이렇게 정자와 난자가 합해진 걸 수정란이라고 해.

Q 정액은 호르몬인가요?

A 정액은 호르몬과는 다른 거란다. 정액은 전립선액이라는 액체에 정낭의 내용물과 정자가 섞여 있는 것이란다. 이 액체는 여성의 질 속에 정자를 무사히 보내 주는 역할을 하고 정자를 보호하는 점액질이란다.

Q 정자는 물속에서도 헤엄을 치나요?

A 아니란다. 정자는 정액이라는 희고 뿌연 액체 속이나 자궁의 미끄러운 점액 속에서만 헤엄을 칠 수 있단다. 그 원리는 네가 조금 더 큰 뒤에 생각해 보기로 하자.

Q 한 번 사정에 나오는 정자의 수는 몇 개인가요?

A 1~5억 개 정도란다. 이 가운데 약 15% 정도는 기형의 정자인데 이 기형의 정자는 난자까지 갈 수 없기 때문에 기형아를 낳게 하는 원인이 되지는 않아. 이렇게 많은 수가 나오는 이유는 가장 튼튼하고 활기찬 정자를 고르기 위해서지. 세상에 태어난다는 건 이렇게 수많은 가능성 가운데 선택되었다는 것을 뜻하기 때문에, 태어난 생명은 모두 대단하고 소중한 존재란다.

Q 정자와 난자가 만나는 장소는 어디예요?

A 자궁의 좌우로 수란관이 뻗어 있고 수란관 끝에는 각각 난소가 있는데, 정자와 난자는 이 수란관에서 만난단다.

Q 어떻게 여자의 몸에 정자를 보내나요?

A 남자의 음경이 발기했을 때 여자의 질에 넣고 정액을 내보내는데, 이것을 성교라고 한단다. 아이들이 서로 좋아할 때는 껴안고 뺨에 뽀뽀하지만, 어른들이 서로 사랑하면 성교까지 하게 된단다. 이 성교는 책임질 수 있는 성인만이 할 수 있도록 이 사회의 도덕과 법률이 정해 놓고 있지. 결혼한 부부가 한방을 쓰며 성교를 하고 아기를

낳는 것은 당연하지만 그 밖의 관계에서 성교를 하는 것은 조심스러운 일이란다. 왜냐하면 아기를 책임지고 기를 수 있는 조건이 되어야 하기 때문이지.

Q 성교 중 정액이 나오지 않고 오줌이 나오면 어떻게 하나요?

A 그런 일은 없단다. 성교 중에는 오줌이 나오는 요도의 문이 닫히고, 오줌을 눌 때는 자동적으로 정액이 나오는 문이 닫힌단다. 마치 음식을 삼킬 때 공기가 드나드는 기도가 막혀서 음식이 자동적으로 식도로 넘어가는 이치와 같지.

Q 성교하는 걸 남에게 보여 줄 수 있나요?

A 그것은 부부만의 비밀이기 때문에 누구에게도 보여 줄 수 없단다. 부부에게 가장 소중한 것 중 하나란다. 비밀은 지켜질 때 아름다운 거란다.

Q 결혼 전에 성교를 하면 임신이 안 되나요?

A 그렇지 않단다. 여자가 마침 배란이 되었고 그때 성교를 하게 되어 난자와 정자가 만난다면 결혼식을 했든 안 했든 간에 임신이 되지. 그래서 성장한 남자와 여자는 서로 사랑하더라도 결혼식을 할 때까지 성교를 하는 것은 조

심스럽게 결정할 문제란다. 아기도 함께 행복하기를 바라기 때문이지.

Q 성적자기결정권에 대해 더 자세히 알고 싶어요.

A 법률적으로 쓰이는 말이긴 한데, 자신의 몸과 관련된 성적 행동은 자기 스스로 결정할 권리가 있다는 것을 말한단다. 예를 들면 누가 너의 몸을 만지려고 하거나, 비비려고 하거나, 어떤 기분 나쁜 행동을 하려고 할 때 그 상대가 누구든 '싫다'고 말할 권리가 너에게 있다는 것이지. 또한 가족들이 쓰다듬어 주거나 안아 주어 기분이 좋은 것을 받아들이는 것도 너의 권리란다.

Q 성인지감수성이 무엇인가요?

A 앞에서 이야기한 성적자기결정권을 잘 사용하려면, 즉 자기 주장을 잘하려면 '좋은 느낌'과 '나쁜 느낌'의 경우를 잘 알아야 하듯이, 어떤 상황이 너무 남성 중심으로 표현된 것인지, 여성 중심으로 표현된 것인지 아니면 양성평등하게 표현된 것인지 잘 알아차릴 수 있는 능력을 말한단다. 예를 들면 TV 광고에서 '여자는 무엇보다 얼굴이 이뻐야 해'라고 말했다면, 이것은 여성을 외모 중

심으로 판단하는 편견을 표현한 것이라는 것을 알아차릴 수 있을 때 성인지감수성이 높다고 이야기하는 것이란다. 남성, 여성에 대한 고정관념 없이 평등한 인간으로 대할 수 있는 능력을 갖기 위하여 또 그런 민감한 판단 능력을 갖기 위하여 의심 가는 상황이 있을 때 함께 토론을 해 보는 것은 성인지 능력을 키우는 좋은 기회가 된단다.

6

규제와 허용 사이에서 균형 있게

•

청소년기(13~18세) 성교육

사춘기에는 친구들끼리 모여서 이성 친구나 신체의 변화, 성에 관해 이야기를 나누고 나체 사진을 보기도 합니다. 요즈음은 인터넷 음란물이 범람하여 그들을 은밀하게 유혹합니다. 이런 비밀스러운 행동이 수상쩍어 부모들은 몰래 소지품을 살펴보다가 '우리 아이는 안 그럴 줄 알았는데' 하고 충격을 받는 경우가 많습니다. 심각한 상황을 알게 되는 경우도 있지만 부모가 생각하는 것처럼 성욕의 구렁텅이에 빠져 있는 것은 아닙니다. 심각한 상황이라면 구체적인 대책이 필요하지만 일반 청소년들이라면 그들도 현실 세계의 상식을 알 만큼은 알고 있다는 걸 염두에 두어야 합니다.

사춘기는 어떻게 오는가

사춘기는 심각한 갈등을 표출하기 때문에 서투른 시기, 반항기라고 부르며, 이 시기를 어떻게 보내느냐에 따라 아주 다른 성인으로 자라기 때문에 자아 인식기, 제2의 탄생기라고도 부릅니다. 또 심리적으로 부모로부터 떨어져 독립하는 시기, 정서적인 열정기, 육체적인 성숙기로도 봅니다.

사실상 이들의 육체는 제2차 성징을 경험하게 되면서 점차 성인의 몸으로 변해 갑니다. 생리적으로는 성적 충동이 커지고 심리적으로는 성인처럼 행동해야 된다는 새로운 압박감이 생깁니다. 그러나 이들의 정신은 성적 충동을 조절할 수 있을 만큼 성장하지 못했기 때문에 문제를 일으키기 쉽습니다. 더구나 우리나라 청소년들은 학업에 대한 스트레스가 커서 문제를 일으킬 가능성이 더 클 수 있습니다.

청소년기의 정신적 양면성은 당연하다

'요즘 나는 왜 이렇게 답답할까? 몸이 근질거려 전부 내던져 버리면 후련할 것 같다. 친구들을 불러 노래방에나 가 볼까?' '난 왜 이렇게 변덕쟁이일까? 내 마음 나도 모르겠다. 엄마 말을 잘 들으려고 했는데 또 신경질을 부리고 말았다. 몹시 우울하다.'

이런 감정을 한 번도 가져 보지 않고 어른이 된 사람이 있을까요? 이런 감정의 원천을 생리적으로 설명하면, 뇌하수체에서 나오는 성선 자극 호르몬이 작용해서 남성 호르몬 또는 여성 호르몬의 활동이 활발해져 내부의 에너지가 폭발 직전의 화산처럼 끓어오르기 때문입니다. 이렇게 성기와 성 기능의 급속한 발달로 본능적인 충동을 강하게 느끼며 성에 눈뜨기 시작하는 시기가 사춘기입니다. 그 징표가 제2차 성징인 만큼 학동기 후기에 이미 사춘기를 경험하는 아이들도 상당수 있지만, 성적인 성숙이 이루어지는 것은 청소년기 초반부터입니다.

이때는 이성과 사회에 대한 관심은 커지는데 상황을 받아들이고 조절하는 능력은 아직 미약하여 정신적인 불균형을 이루게 되므로 이들의 생활은 모순투성입니다. 사춘기의 이런 모순을 안나 프로이트Anna Freud는 다음과 같이 표현하고 있습니다.

"사춘기 소년 소녀들은 자신이 이 세상의 중심이요, 흥미의 대상인 양 지나치게 자기중심적인가 하면, 동시에 인생 그 어느 시기에도 힘든 자기희생을 보이는가 하면, 열렬한 사랑을 하다가 느닷없이 그 사랑을 중단해 버리기도 한다. 집단생활에 정열적으로 참여하지만, 고독에 대해 한없는 향수를 가지기도 한다. 자신이 선택한 지도자나 윗사람에게 무조건 복종하는가 하면, 심한 반발을 하기도 한다. 이상주의자가 되기도 하고 이기적인 물질주의자가 되기도 한다. 금욕적이기도 하고 동시에 가장 원시적인 본능적 욕구 충족에 빠지기도 한다. 낙천적이기도 하고 비관적이기도 하며, 피로를 모르는 것처럼 열심히 일을 하다가도 곧잘 게으름에 빠지기도 한다."

이러한 정신적 양면성을 부모가 이해하고 받아들이지 않으면 정서적으로 많이 부딪치게 되고 이들을 지도하기도 점점 힘들어집니다. 이들은 이런 격동기를 거쳐 자기의 정체성 즉, 자아를 찾아가게 되는 것입니다.

외모에 대한 관심과 고민도 존중하자

이들의 구체적인 행동 특성을 살펴 가며 적절히 지도합니다. 먼저 사춘기 아이들은 자신의 몸매나 용모에 대해 관심이 아주 많습니다. 이 시기는 키와 몸무게가 눈에 띄게 자라는 성장 급등기이기도 하지만 성에 따른 외모의 차이가 뚜렷해지기 시작하므로 관심을 가질 수밖에 없습니다. 더구나 이성에 대한 관심과 흥미가 커지는 시기이기 때문이기에 더욱 외모에 신경이 쓰입니다.

이들은 “난 이성 따위엔 관심 없어. 스스로 만족하기 위한 거야”라고 말하지만 무의식 속에서는 이성을 의식하고 있는 것이 틀림없습니다. 부모는 이런 행동에 대해 핀잔을 주기보다는 ‘우리 아이가 많이 자랐구나. 이제 자아 정체감 형성을 위해 자신에 대해 더욱 깊은 탐색을 하고 있구나’ 하고 대견하게 여기며 인정해 주는 것이 좋습니다.

요즈음 외모 문제는 체중 조절 문제로 이어져 청소년에게도 다이어트가 중요 관심사로 떠오르는데 사실상 더 자라야 하는 이들의 다이어트는 조심스러워 부모의 협조와 관심 속에 이루어져야 합니다. 외모에 대해 심각하게 걱정하는 청소년이 많지만, 일반적으로 외모 걱정은 누구나 청소년기에 겪는 통과 의례와 같은 심리적 상태[•]이므로 이들의 외모 걱정은 이해하고 협조할 일입니다. 자칫 외모지상주의에 부모가 편승하여 외모 걱정을 부추기기 쉽습니다. 내면의 아름다움과 성숙이 더 중요하다는 전제하에서 그들의 고민을 이해하고 협조하는 것이 좋습니다. 이 시기 외모 고민을 잘 극복하는 것은 자신의 신체상 정립이나 외모 가치관에 영향을 주어 자아 정체감ego identity 형성에 긍정적 영향을 줄 것입니다.

아이의 독립적인 영역을 인정해라

사춘기 아이들은 자기만의 영역을 갖기 원합니다. 독방을 요구하고, 자기 소지품에 남이 손대는 걸 싫어하고, 일기도 깊숙이 감추어 둡니다. 또 "참견 마세요. 엄마는 몰라도 되는 일이니까……." 하고 큰 비밀을 갖고 있는 척합니다. 청소년의 이런 심리를 부모들은 섭섭해하지 말고 이해해야 합니다. 혼자만의 영역을 원하는 것은 자기를 파악해 보고 싶은 심리에서 나온 행동입니다. 가능한 한 자기 영역을 만들어 주는 것이 좋습니다.

• 〈청소년 외모걱정의 유형화와 유용성탐색〉, 정성호·윤영민, 한국교육사회학회 연차학술대회, 2019

사춘기에는 친구들끼리 모여서 이성 친구나 신체의 변화, 성에 대해 이야기를 나누고 나체 사진을 보기도 합니다. 요즈음은 인터넷 음란물이 범람하여 그들을 은밀하게 유혹합니다. 이런 비밀스러운 행동이 수상쩍어 부모들은 몰래 소지품을 살펴보다가 '우리 아이는 안 그럴 줄 알았는데' 하고 충격을 받는 경우가 많습니다. 심각한 상황을 알게 되는 경우도 있지만 부모가 생각하는 것처럼 성욕의 구렁텅이에 빠져 있는 것은 아닙니다. 심각한 상황이라면 구체적인 대책이 필요하지만, 일반 청소년들이라면 그들도 현실 세계의 상식을 알 만큼은 알고 있다는 걸 염두에 두어야 합니다. 성에 대한 관심을 야단치고 창피를 주어서 곤란하게 하는 것은 좋지 않습니다.

운동 같은 취미 활동, 이성과 함께하는 건전한 모임, 사회 활동 등으로 유도하는 것은 괜찮은 방법입니다. 자연스럽게 관심과 흥미가 다른 곳으로 넘어간다면 이러한 행동은 일시적 현상이 될 것이며 별 탈 없이 사춘기를 넘길 수 있을 것입니다.

과학적인 성교육도 필요하다

성에 관한 기초 지식은 제2차 성징이 시작되는 사춘기 이전에 습득하는 것이 좋습니다. 그러나 이것은 어디까지나 충격을 줄이기 위한 예비 학습이고, 실제로 사춘기에 접어들어 월경, 몽정 등을 경험하게 되면서 성이 그들의 현실 문제로 심각해질 때 다시 한번 과학적으로 자세히 이해시킬 필요가 있습니다.

부모가 미처 모르는 것을 자녀가 물어 올 때도 있을 것입니다. 이때 "나도 잘 모르겠는걸. 같이 한번 찾아보자" 하고 도움이 될 만한 책을 구해 보는 것도 좋습니다. 또 자아 정체감이 형성되는 시기이므로, 이런 성적 궁금증을 '나는 누구인가, 인간이란 무엇인가, 사랑이란 무엇인가'와 같은 철학적인 물음과 함께 설명해 주면 훨씬 진지하게 받아들일 것입니다.

인간뿐 아니라 모든 생물이 암수로 구별되어 번식하며 그 종족이 끊이지 않는 건 참으로 신비스러운 일입니다. 유전공학이 발전해 앞으로의 사회가 어떻게 될지 모르지만 생명 현상은 아직은 사람이 어떻게 조절해 볼 수 없는 신비한 영역입니다.

정자와 난자가 만나 아기로 태어나기까지를 과학적으로 설명하는 방법

성기의 발달은 청소년기 신체 변화의 핵심적인 일면이기 때문에 자신의 몸에 대해 정확하게 이해하기 위해서는 과학적인 설명도 필요합니다. 어떤 부모들은 '중학생 자녀에게는 너무 지나친 것이 아닌가' 우려하기도 하는데 그렇지 않습니다. 청소년들도 충분히 이해할 수 있고, 설령 한 번에 다 이해하지 못한다 해도, 이렇게 한번 설명해 주면 나중에 다른 곳에서 들었을 때 훨씬 더 쉽게 이해하게 됩니다. 자세히 가르쳐서 신비의 베일을 벗겨 주는 편이 이들의 호기심이 엉뚱하게 흘러가지 않게 하는 좋은 방법이라고 할 수 있습니다.

“우리 몸이 몇십억이나 되는 엄청난 수의 세포로 구성되었다는 것은 잘 알지? 하나하나의 세포는 세포질과 세포핵으로 구성되는데 그 가운데 세포핵을 현미경으로 자세히 살펴보면 유전인자가 들어 있는 염색체가 있단다.

처음에 학자들이 세포 속에 있는 이 둥근 세포핵을 발견하고 현미경으로 관찰했을 때는 희미해서 잘 알아볼 수가 없었다고 해. 그런데 염색을 해 보니까 염색이 잘 되고 또 내부 구조가 잘 보였다고 해. 그래서 염색체라고 이름을 지었단다. 이 염색체를 더 자세히 살펴보니 실뭉치 같은 것이 엉켜 있더란다. 그래서 염색사라고 불렀는데 이 염색사를 떼어 내 현미경으로 자세히 보니 실이 꼬여 있듯이 꼬불꼬불하게 되어 있었단다. 그 구성 물질은 핵산이라는 것이 밝혀졌지. 핵산은 DNA와 RNA로 구성되는데 RNA는 갖가지 체세포 내에 포함되어 있는 무수한 종류의 단백질 형성을 위한 특수한 촉매 역할을 하고 DNA는 RNA의 작용을 조절하는 유전 암호를 갖고 있단다. 그러니까 어떤 의미에서 RNA는 올바른 효소의 제조 방법을 관장하고 있고, DNA는 제조물의 내용과 시기를 관장하고 있는 셈이란다. 그러니까 DNA의 영향에 따라 아기가 아빠의 곱슬머리도 닮고 엄마의 쌍꺼풀진 눈도 닮고 하는 것이기 때문에 DNA를 유전인자라고 해. 그런데 이 DNA는 이중 나선 구조로 되어 있고 그 구성 요소인 염기의 서열이 중요한 유전 정보가 된단다.

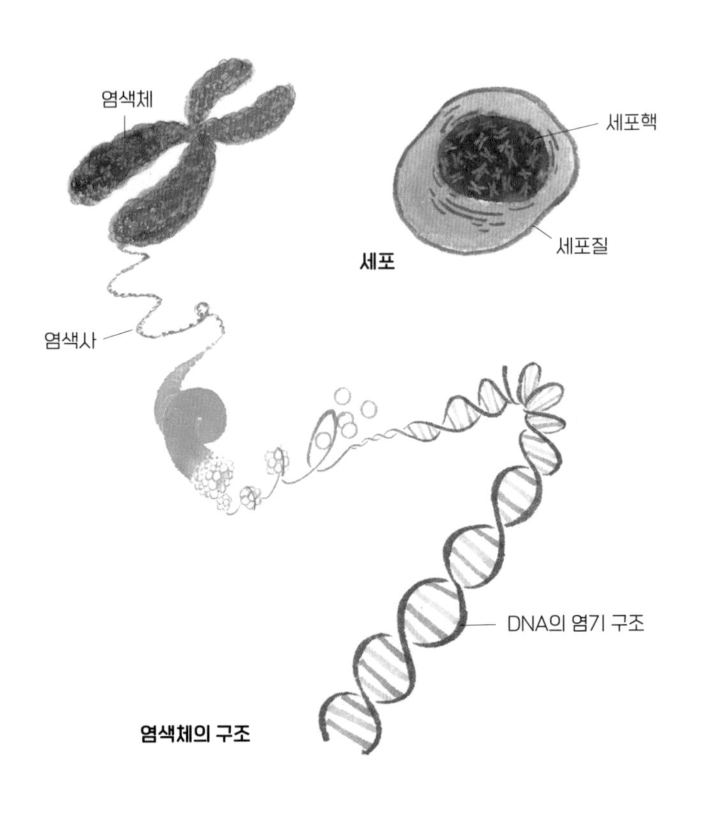
염색체
세포핵
세포질
세포
염색사
DNA의 염기 구조
염색체의 구조

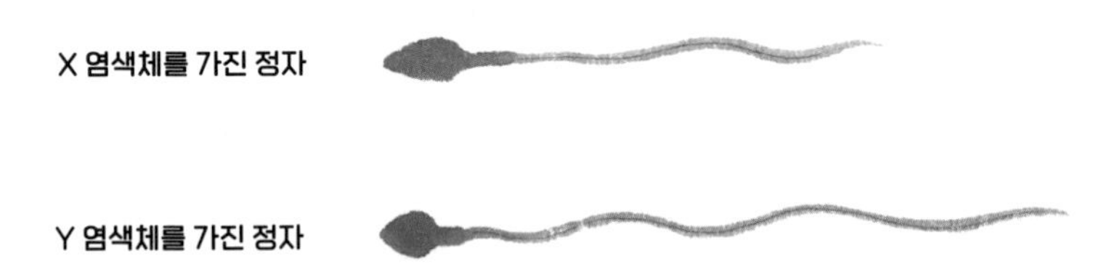
X 염색체를 가진 정자
Y 염색체를 가진 정자

그러니까 세포핵 속에 있는 염색체는 유전자 뭉치라는 것을 알 수 있지.

지구상의 모든 동식물은 그 종에 따라 고유한 숫자의 염색체를 갖고 있는데 사람의 경우는 46개의 염색체로 구성되어 있지. 사람의 세포핵 속에 실타래처럼 생긴 염색사를 분류해 보니까 서로 다른 형태의 염색체가 모두 46개라는 것이지. 그런데 그 46개의 염색체를 가지런히 정리해 보니까 형태와 크기가 비슷한 두 개의 염색체가 각각 쌍을 이룬다고 해. 그러니까 모두 23쌍이 되어야 하는데 실은 22개만 쌍(상동염색체)을 이루고 나머지 두 개는 다르게 분류한단다. 그 나머지 두 개가 바로 남성이냐 여성이냐를 결정하는 유전 정보를 담고 있는 '성염색체'란다.

이 성염색체는 X염색체와 Y염색체로 각각 이름을 붙이는데 이들의 조합에 따라 성이 결정되는 거지. 결과를 먼저 설명하면 난자 속의 X염색체와 정자 속의 X염색체가 만나면 여자가 되고, 난자 속의 X염색체와 정자 속의 Y염색체가 만나면 남자가 되는 거란다. 난자 속에 있는 성염색체는 X염색체이고, 정자는 X염색체를 포함하고 있는 것도 있고 Y염색체를 포함하고 있는 것도 있어. 정자가 X염색체를 포함했는가, Y염색체를 포함했는가에 따라 정자의 형태가 약간 달라.

우리의 세포는 모두 46개의 염색체를 갖고 있다고 설명했는데 우리의 생식 세포 즉 난자와 정자는 각각 23개의 염색체를 각각 갖고 있어. 그러니까 한 생명이 시작되기 위해 정자(23개의 염색체)와 난자(23개의 염색체)가 결합하면 46개의 염색체를 가진 최초의 체세포(일반 세포)가 되는 셈이지. 이것이 복제되어 우리 몸이 이루어지는 것이란다.

생식 세포가 만들어질 때는 쌍이 나뉘어(감수분열) 23개의 염색체가 있는 정자나 난자가 되고, 이들이 결합하여 한 생명이 시작될 때는 다양한 유전 정보를 저장하고 있는 46개의 염색체를 가진 한 개의 세포에서부터 시작한단다. 거기서 수십억 개의 세포로 구성된 사람이 된다는 것을 생각해 보면 생명체는 참으로 신비롭고 대단한 존재지.

22+X의 난자가 22+X의 정자를 만나 수정되었다면 44+XX의 여자아이가 태어나겠고, 22+Y의 정자를 만나 수정되었다면 44+XY의 남자아이가 태어나겠지. 그러니까 여자냐 남자냐 하는 것, 또 어떤 유전인자를 가지고 태어나는가 하는 것은 그 발생 최초에 운명적으로 결정되는 일이지. 수많은 정자 중 어떤 정자가 먼저 난자에게 갈 수 있었는가에 따라 결정되는데, 그럼, 정자라는 세포는 어떻게 난자를 향해 갈 수 있을까. 이것도 아주 신비로운 일 중의 하나인데 이렇게 설명할 수 있지.

정자는 '향화성向化性'이라는 성질이 있단다. 향화성이란 산성

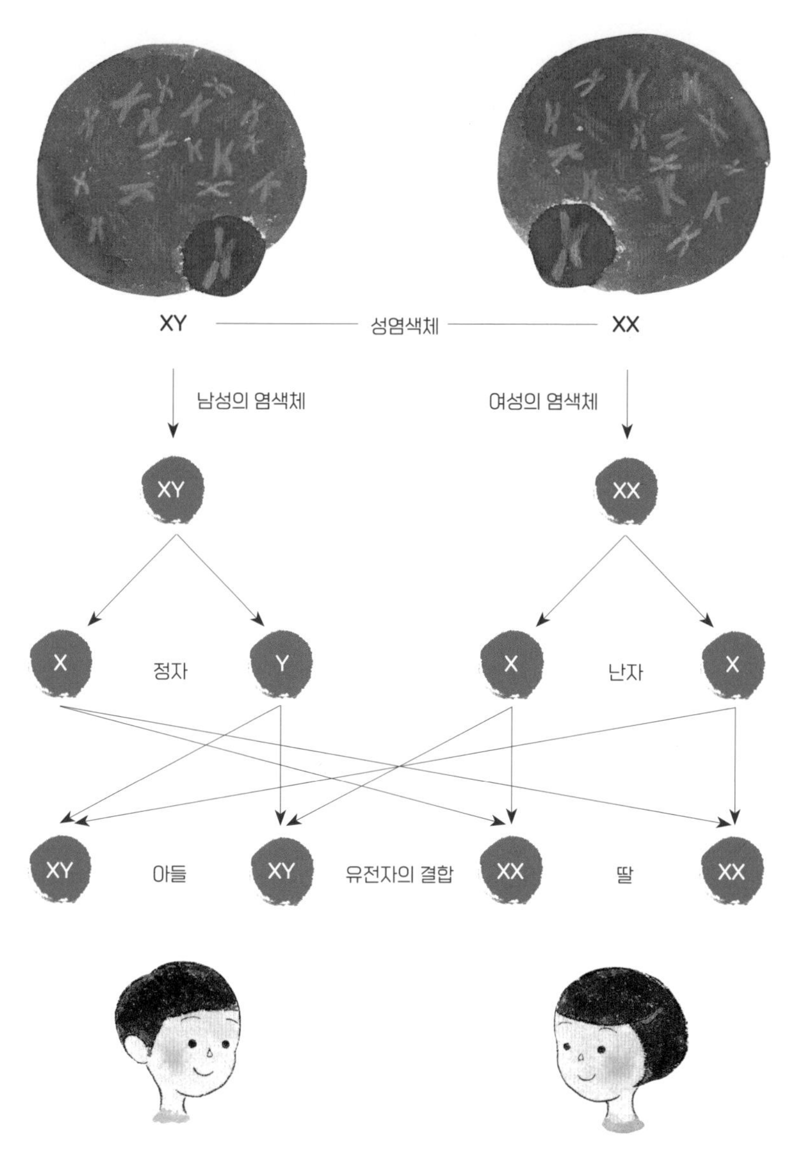

성의 결정 과정

을 싫어하고 알칼리성을 좋아하는 성질을 말해. 이 성질 때문에 산성도가 높은 질 내에 사정되면 정자는 알칼리성을 가진 질 안쪽의 자궁구를 향해 돌진하게 되지.

알칼리성인 자궁에 도달하면, 흐름에 거슬러 올라가는 '향류성向流性'이라는 성질을 발휘해서 마치 잉어가 폭포수를 거슬러 올라가듯 자궁에서 수란관으로 올라가게 되지. 한편 난소에서는 마치 익은 꽃씨가 저절로 떨어지듯 성숙한 난자가 나오는데 난자는 정자처럼 스스로 움직일 수가 없어서 점액을 따라 흘러 자궁 쪽으로 접근하다가 건강한 정자를 만나게 되는 거야. 이때 정자는 딱딱한 것을 만나면 붙으려는 '향전성向纏性'이라는 성질 때문에 난자를 만나자마자 붙게 되지. 난자를 만난 행운의 정자는 효소를 내어 난자의 표면을 녹이고 속으로 들어가지. 그러면 별안간 난자 주위에는 수정막이 생겨 다른 정자가 아무리 뚫으려 해도 들어갈 수가 없게 돼. 난자에 들어간 정자는 꼬리 부분이 사라지고 정자의 정핵(23개의 염색체)과 난자의 난핵(23개의 염색체)이 나란히 있다가 막이 사라지면서 두 핵이 하나로 융합하게 되는 거야. 이렇게 정자와 난자가 만나 하나의 세포로 합해지는 게 수정이고, 그 수정된 알을 수정란(46개의 염색체)이라고 해.

말하자면, 수정란이 46개의 염색체를 가진 최초의 생명체야. 이 수정란은 분열해 크면서 자궁 내막에 도달해 자리를 잡는데 이

것을 수정란의 착상이라고 해. 이렇게 해서 엄마 배 속에서 약 265일 정도 자라다가 딸이나 아들로 태어나는 것이지."

청소년기 신체적 변화와 뇌하수체 호르몬

청소년기에 일어나는 신체적 변화는 뇌하수체의 전두엽에서 다른 호르몬들의 분비를 규제하는 호르몬이 대량으로 분비됨으로써 생기는 거라고 이야기할 수 있습니다. 즉, 이러한 명령 호르몬은 여자의 에스트로겐, 남자의 테스토스테론을 포함한 성호르몬의 분비를 자극하고 성 호르몬과 기타 호르몬이 함께 신체 발육과 성적 발달을 촉진시킵니다.

뇌하수체와 난소, 자궁 사이엔 아주 미묘한 피드백feedback이 일어납니다. 피드백이란 A와 B 사이의 균형 유지를 위해 A가 늘어나면 B가 작용해서 A를 적게 하고, B가 늘어나면 A가 작용해서 B를 적게 해 항상 적절한 균형을 유지하도록 하는 작용입니다. 이것은 의식해서 노력하지 않아도 여성의 몸 내부에서 아주 훌륭한 균형을 이룹니다. 여자의 배란이 50세 경에 끝나는 것에 반해 남자의 정자는 상당히 고령까지 만들어진다는 특징도 있습니다.

이성 교제는 제대로 당당하게 하자

이성에 대한 반발 단계가 지나고 청소년기가 오면 누군가를 그리워하고 외로워하는 감정이 강해져서 동성애의 경향을 보이다가 이성에 대한 애정으로 발전하게 됩니다. 이성에 대한 애정이 생기기 전에 동성의 친구나 존경하는 어른에게 애착을 보이는 것은 흔히 있는 일입니다. 이들은 호기심은 있으나 이성을 상대할 용기가 없기 때문에 먼저 나이 많은 이성을 사모하고 존경하게 되는데, 그 대상은 학교 선생님이나 인기 연예인, 운동선수 등이 됩니다. 그래서 청소년들은 아이돌Idol이라는 우상에 열광하고, 팬덤 문화에 심취하여 심리적 만족감을 얻곤 합니다.

이성의 선생님을 사모하는 것은 많은 아이들이 잠시 통과의례처럼 겪는 일입니다. 선생님이나 부모가 이를 문제시하면 아이에게 상처를 줄 수도 있으니, 심하지만 않다면 간섭하지 않는 것이 좋습니다. 선생님을 사모하는 것을 계기로 학과에 열중할 수 있도록 지도하면 일석이조가 되기도 합니다.

특정 가수나 배우에게 열광하는 것도 잘만 지도하면 크게 문제될 것은 없습니다. 가수나 배우는 끓어오르는 감정의 방출 대상일 뿐입니다. 이렇게 나이 많은 이성에게 연정을 품는 것을 송아지가 어미 소를 따르는 것에 비유하여 '송아지 사랑'이라고 합니다. 이런 송아지 사랑은 그 일로 너무 많은 시간을 낭비하는 것이 아니라면 모르는 척 내버려 두는 것이 오히려 현명한 방법일 때가 많습니다.

그러다가 점차 동년배의 이성에게 관심을 보이게 됩니다. 그러나 이때는 이성을 대하는 적절한 매너를 습득하지 못했기 때문에 어색한 행동을 하기 쉽습니다. 상대에게 솔직한 표현을 못 하는 것은 물론 부끄러워서 마음에도 없는 행동으로 상대를 괴롭히거나, 애써 모은 용돈으로 마련한 선물을 주지 못하고 되돌아와 버리기도 합니다. 이렇게 어색하고 쑥스러운 이성 관계가 마치 강아지들이 모여 장난치는 모습과 비슷하다고 해서 '강아지 사랑'이라고도 합니다. 이때 어느 정도 자신이 생기고 상대도 자기를 좋아한다는 확신이 생기면 물불 가리지 않고 몰두하여 연애로 발전하게 됩니다.

이성 교제, 막기보다는 잘할 수 있도록 도와주자

청소년의 이성 교제는 서로에 대한 탐색 과정에서 자신과 이성의 심리에 대해 배우면서 인격적으로 성숙할 수 있는 기회가 됩니다. 또 이성과의 관계에서 성 역할도 배우고, 미래의 배우자 선택의 첫 단계로서 사귐의 태도를 배울 수 있다는 점에서도 권장할 만합니다. 그러나 중·고등학생의 이성 교제는 그들 사이에선 상당히 요구가 많은 반면, 가정과 학교와 사회에서는 모두 부정적인 시각으로 보는 경우가 많습니다.

부모와 학교의 허용 여부를 떠나 앞으로 청소년들의 이성 교제는 더욱 활발해질 것입니다. 이제는 부모와 사회가 이들의 이성 교제를 인정하고 받아들이고 적절한 지도를 할 수 있어야 합니다. 그래야 아이들이 떳떳하게 이성과 사귀고 솔직하게 부모와 의논할 것입니다. 이성과 올바르게 사귀기 위해서는 기본예절에 대해 일러주어야 하는데 그 내용은 다음과 같습니다.

- 서로의 인격을 존중하고 상대의 개성과 특성을 존중한다.
- 부모나 친지에게 소개하여 공개적으로 사귄다.
- 복장과 선물은 학생 수준에 맞게 고르고, 공개된 장소에서 데이트한다.
- 상대의 입장에서 배려해 주고 신체 접촉은 가급적 피한다.

그러나 이들은 미숙해서 '정말 상대를 존중한다는 것이 무엇인지, 어떻게 상대에게 자신을 잘 표현할 수 있는지'에 대해 잘 모르기 때문에 충분히 토론하고 준비시켜야 합니다.

무조건 그들의 이성 교제를 부정할 수는 없습니다. 외면하지 말고 허용하되, 그들의 이성 교제를 불안한 눈으로 보지 않으려면 그들의 실상을 잘 알아야 하고, 구체적인 위험 부담에 대해 잘 가르칠 수 있어야 합니다.

이성 교제 시 성관계로 가기 쉬운 잘못된 말

- 진심으로 사랑한다면 성관계는 당연한 것이야.
- 모든 것을 다 바쳐 우리 사랑을 확인하고 싶어.
- 네가 성관계를 원치 않는 것은 나를 사랑하지 않기 때문이야.
- 나를 사랑한다면 내 부탁을 들어줘.

♦ 걱정 마. 나만 믿어.

말하자면 남녀의 성 심리 차이를 알려 주면서 영화 등의 이성 교제 사례를 들어 올바른 판단력을 갖추도록 도와줘야 합니다.

영아기부터 인간에 대한 신뢰감이 깊이 뿌리 내렸고, 기본적인 성 생리와 성 심리에 대해 바로 알고 있는 청소년이라면 부모가 조바심을 낼 필요가 없습니다. 상대를 소중히 여기고 인격적으로 존중하는 사랑을 위해서는 서로의 노력이 필요하다는 것을 알 수 있도록 관련 있는 영화나 책도 권하고 토론도 해 볼 일입니다. 청소년기의 이성 교제는 자아 발달과 정체성 형성에도 큰 영향을 미치므로, 그 과정이 아주 중요하다는 사실만 기억한다면 좋겠습니다.

음란물, 방치하면 안 되지요

컴퓨터와 각종 영상 매체를 통한 음란물이 청소년들의 성 행동에 미치는 영향은 심각합니다. 특히 인터넷 음란물은 매우 은밀하고 무차별적으로 농도 짙은 내용이 배포되고 또 접촉이 쉽다는 점에서 그 영향력이 매우 큽니다.

청소년들이 음란물을 처음 본 시기는 초등학교 고학년 때가 23.9%이고 중학교 1~2학년 때가 56.3%라고 합니다. 인터넷 음란물을 처음 접하게 된 계기는 '우연'이라는 응답이 43.5%로 가장 많았고, 음란물을 보게 되는 주된 이유는 '성적 호기심'이 43.7%이며, 같이 보는 대상은 '혼자 본다'는 응답이 60.8%로 가장 많았습니다. 음란물을 볼 때 소요 시간은 '15분 이내'가 64%, 보는 장소는 '본인의 집'이 67.6%로 가장 많았다•고 합니다.

음란물 시청 후 신체 접촉 여부에 대한 질문에는 8.2%의 학생이 키스와 같은 신체 접촉을 해 보았다고 답했으며, '음란물의 내용에서 본 것 그대로' 등의 직접적인 성행위를 의미하는 답변도 있었습니다.

사실상 음란물 접촉에 대해 학계에서는 모방 이론이나 사회학습 이론을 들어 부정적인 측면을 강조하지만 정화 이론을 들어 긍정적인 측면을 주장하는 사람들도 있습니다. 말하자면 인간의 본능적인 욕구를 억제하기보다는 사회적으로 용인되는 방법으로 표출해야 한다고 보는 것입니다. 이 입장에서는 음란물이 억압당한 성욕을 발산시켜 주므로 반사회적이고 폭력적인 성 행동의 가능성을 오히려 완화시켜 주고, 성욕의 대리 만족으로 감정이 완화된다고 봅니다.

• 〈청소년의 인터넷 음란물 접촉과 성행동간의 관계〉, 이미경, 경남대학교 석사논문, 2009

음란물,
실제로 어떤 영향을 미칠까?

그렇다면 음란물은 실제로 우리 아이들에게 어떤 영향을 미칠까요?

첫째, 성 충동에 대한 자극제가 됩니다. 호기심으로 보기 시작한 음란물이 더 자극적인 것을 찾게 만들어서 음란물 시청 후 청소년들은 이성에 대한 호기심, 충격적 영상, 성 충동 때문에 괴롭다고 합니다. 그래서 음란물 시청 후 상당수가 자위행위를 하고 음란물의 내용처럼 이성과의 신체 접촉을 바라게 되고, 그 결과 이성과의 신체 접촉 빈도도 높아지게 됩니다. 지금 우리 사회에서 청소년의 성행위는 허용할 수 없는데 이들의 성적 충동을 자극한다면 그들은 음성적으로 이를 해결할 수밖에 없습니다.

둘째, 왜곡된 이성관 특히 여성관을 갖게 됩니다. 여성이 성 상품으로 등장하는 포르노 영상물을 접하면서 여성의 가치를 성적인 면만으로 평가할 수 있습니다. 여성의 내면적인 아름다움을 알기 이전에 여성을 성적 만족의 도구로 인식하기 쉽습니다. 그런가 하면 포르노 영상물에서는 여성들이 처음에는 성교를 거부하지만, 나중에는 성적 접촉을 즐기는 내용이 많습니다. 그런 음란물을 본 남성들은 여성들이 은근히 강간을 당하고 싶어 한다는 터무니없는 편견을 갖기도 합니다. 여학생들은 '더러움'을 느낀다고 많이 토로하며 불안감과 죄책감을 느낀다고도 합니다. 이러한 반응들은 음란물이 정서적으로 왜곡된 성 가치관을 갖게 할 수 있다는 것을 증명합니다.

셋째, 모방에 의한 성폭력을 행사할 수 있습니다. 사회 학습 이론에서는 음란물의 폭력적인 장면이나 비윤리적인 성적 묘사가 사회적 학습 과정을 통해 모방된다고 합니다. 실제로 음란물의 접촉 빈도와 실생활에서의 모방 빈도가 통계적으로 상관이 있다는 연구가 많습니다. 포르노는 이론, 강간은 실천이라는 표현은 그 유해성을 부각시키는 표현[*]이라 하겠습니다.

넷째, 성도착증세가 생길 수 있습니다. 음란물을 즐기는 성인들 가운데, 본인의 부부 생활에서도 음란물이 없으면 성관계를 할 수 없는 경우가 있다고 합니다. 사랑하는 사람과 애정을 나눌 때에도 정상적인 형태의 성관계로는 상대에게서 만족감을 느끼지 못하는 것입니다. 이처럼 음란물의 영향으로 비정상적인 성 행동이나 변태적인 도착 증세를 보일 수도 있습니다. 이는 음란물 접촉이 성인지 왜곡을 강화시켜 성도착 성향을 증가시킬 수 있다[**]고 보는

● 〈청소년의 음란물접촉과 예방대책〉, 김미선·박성수, 한국중독범죄학회보, 제9권 1호, 2019

●● 김미선·박성수, 위의 논문

것입니다.

다섯째, 학업에 방해가 됩니다. 중고등학교 청소년들의 경우 음란물이 공부에 많은 방해가 되는 것은 사실입니다. 중학생을 대상으로 한 연구•에서도 학업에 '매우 많이 방해가 된다(30.4%)'와 '방해가 된다(46.4%)'를 합하면 상당수 학생들이 인터넷 음란물 때문에 학업에 방해를 받고 있음을 알 수 있습니다.

위의 내용들을 보면 음란물이 청소년의 억압된 성욕을 완화하기보다는 왜곡시키거나 조장하는 경우가 훨씬 더 많다는 것을 알 수 있습니다. 어떤 경우에는 본인이 보려고 의도하지 않았는데도 접속되어 당황스럽다고 합니다. 나쁜 짓을 한 것 같아 불편하고, 보고 나면 기분이 나빠진다고 말하는 학생도 있습니다. 대부분의 청소년이 게임과 인터넷을 하지만 모두가 중독으로 연결되는 것은 아닙니다. 이런 관점에서 음란물 몰입으로 이어지는 영향 요인과, 몰입으로 빠지지 않게 만드는 보호 요인을 심리사회적으로 살펴 본 연구•• 결과를 참고 할 만합니다. 그 결과는 여학생보다 남학생의 음란물 몰입도가 더 높고, 우울, 공격성, 학대 경험은 음란물 몰입을 지속시키는 요인으로 확인되었고 청소년의 자아탄력성, 삶

• 〈컴퓨터 음란물이 청소년의 성행동에 미치는 영향〉, 김혜란, 한림대학교 석사논문, 2002

•• 〈청소년의 음란물 몰입에 영향을 미치는 심리사회적 위험요인과 보호요인〉, 안준형·김진영, 학습자중심교과교육연구 제22권 24호, 2022

의 만족도, 부모의 합리적 설명, 애정, 감독은 보호 요인으로 작용하여 음란물 몰입 수준을 낮춘다고 합니다. 어찌 보면 당연한 결과인데 부모가 애정 어린 관심을 갖고 지속적인 대화를 한다면 자녀들이 자기 통제력을 갖추게 되어 음란물 몰입이나 중독으로 힘든 상황은 겪지 않을 수 있습니다. 실제로 부모와의 대화와 관련된 연구•를 보면 부모와 자녀가 긍정적으로 의사소통할수록 자녀는 자기통제력이 높아지며 반면에 인터넷 음란물 중독과 소외감은 낮아지는 것으로 나타났는데, 부모·자녀 의사소통이 자기 통제력을 거쳐 음란물 중독에 긍정적 영향을 미치는 것으로, 또 부모·자녀 의사소통 부족이 소외감을 거쳐 음란물 중독에 부정적 영향을 미치는 것으로 나타나, 그 매개 효과가 확인되었다고 합니다.

• 〈부모-자녀 의사소통이 청소년음란물 중독에 미치는 영향: 소외감과 자기통제력의 매개효과〉, 배영광·권경인, 청소년상담연구, Vol.26, No.2, 2018

자위행위를 해도 되나요?

이성에 대한 청소년의 욕망은 '막연성욕漠然性慾'이라고 해서 뚜렷한 대상 없이 마음의 안정을 잃고 흥분하는 현상으로 나타나는 경우가 많습니다.

여자의 월경은 성행위와 직접 관련이 없는데 남자의 사정은 일종의 성행위입니다. 이 점은 남녀 성 심리의 차이를 나타내는 중요한 단서 가운데 하나입니다. 남성은 이러한 성적 특징 때문에 여성보다 자위행위에 대한 욕구가 훨씬 강합니다.

잠시도 쉬지 않고 고환에서 만들어지는 정자는 첫 몽정 경험

이후 3~4년 뒤에 최고로 생산되기 때문에 육체는 사정을 필요로 하는데, 청소년들은 이 성적 충동을 어떻게 해결해야 좋을지 몰라 들뜨고 고민이 많습니다. 이러한 행위는 성 충동을 해결하기 위한 하나의 방편이기는 하나 성의 진정한 모습이라고 하기는 어렵습니다. 자위의 순간에는 쾌감을 느끼지만 그 뒤에는 허탈감을 느껴 괴로워할 수도 있고, 심한 경우 죄책감에 빠지기도 합니다.

인터넷 음란물을 많이 접하게 되면, 자위행위는 습관이 되기 쉽고 과도해지면 정신 건강을 해치기도 합니다. 흔히 과도한 자위는 키가 자라는 것을 방해한다는 말이 있는데 이것은 의학적으로 밝혀진 내용은 아니며, 조루나 발기부전의 원인이 되는 것은 인정하고 있다고 합니다. 이 문제는 흔히 방치되는 경우가 많은데 적절한 지도 방침이 필요합니다.

자위를 인정하되
다른 배출구도 필요하다

최근에는 타인에게 피해를 주지 않고 성욕을 해결하는 자위행위가 어느 정도는 청소년들에게 권장되고 있는 것도 사실입니다. 부모들도 건강한 남녀라면 그럴 수 있는 자연스러운 일로 받아들이고 자위행위가 죄책감을 가질 문제는 아니라는 걸 자녀들에게 알려 줄 필요가 있습니다. 그러나 자위에 집착하게 되면, 집중력이 떨어지고 산만해질 수 있으므로 학업이나 운동, 단체 활동 등, 에너지를 분산시킬 수 있는 다른 일들로 관심을 유도할 필요는 있습니다.

남학생이 허탈감을 느낀 후 곧 회복되는 데 반해, 여학생은 죄책감에 빠지는 경우가 많다고 합니다. 이런 결과는 우리 사회가 남녀 차별을 해 온 탓으로 보입니다. 특별히 따로 지도하면 그들의 수치심을 자극할지 모르니 죄책감을 갖지 않도록 배려해 주는 것도 필요합니다.

청소년기 성폭력 예방을 위하여

최근 우리나라 성폭력 증가율은 매우 심각한 수준입니다. 성폭력 범죄 건수는 2021년 기준 32,898건으로 2012년에 23,376건에 비해 지난 10년 동안 38.9% 증가하였다고 합니다. 이러한 성폭력 범죄의 증가는 강간 등의 심각한 유형의 범죄보다는 강제추행 및 카메라 이용 촬영 등 디지털 성범죄의 증가인 것으로 보입니다. 그리고 성폭력 범죄에 대한 사회적 인식의 변화와 더불어 피해 신고의 증가도 원인인 것으로 추론됩니다. 성폭력 범죄의 피해자는 10.1%가 15세 이하의 아동·청소년이며, 17.1%가 16~20세 청소년입니다.*

학교에서도 성폭력 예방 교육을 하고 있지만 가정에서도 반드시 관심을 가져야 합니다. 성폭력은 남성에 의해서만 일어나는 문제는 아니지만 우리 사회에서 일반적으로 여성이 그 피해자가 되는 경우가 압도적인 만큼 그에 따른 적절한 예방 교육 역시 필요합니다.

성폭력에 대해 잘못 알고 있는 것들

먼저 자녀와 함께 성폭력에 대한 잘못된 사회 통념을 주제로 토론하면서 이 문제에 대한 바른 인식과 판단이 무엇인지 충분히 이해시켜야 합니다.

성폭력에 대한 잘못된 통념

✦ 나에게는 일어날 수 없는 일이다.

✦ 강간만이 성폭력이다.

상대방이 원치 않거나 거부하는 성적 행위를 하여 상대가

* 〈2022 범죄분석〉, 대검찰청, 2022

불쾌감, 공포, 불안을 느끼는 모든 행위를 말합니다. 즉 원치 않는 신체 접촉, 음란한 눈짓, 음담패설, 음란한 사진을 보여 주는 행위, 추근거림, 음란 통신, 강요된 매춘 등도 포함됩니다.

✦ 강간은 폭력이 아닌 조금 난폭한 성관계이다.

강간은 성관계가 아닌 폭력 행위이기 때문에 강간을 당한 여성은 순결을 잃은 것이 아니라 성기에 폭행을 당한 것입니다.

✦ 대부분의 성폭력은 우연히 낯선 사람에게 당한다.

2021년도의 경우 가해자 중 타인은 59.1%이며 나머지는 친구, 이웃·지인, 친족, 고용관계 등 아는 사람이 성폭력을 저질렀습니다.• 주위 사람이 성범죄자가 될 수도 있으니, 성과 관련된 문제에서는 일상에서 방어하는 자세가 필요하다는 것을 알게 합니다.

✦ 가해자들은 정신이상자다.

대부분의 가해자는 보통 사람이며 직업이나 계층적 특수성도 없습니다. 주변에서 성실한 직업인 혹은 착실한 사람으로 평가받는 사람도 있습니다. 가해자들은 자신의 무

• 〈2022 범죄분석〉, 대검찰청, 2022

력감, 소외감, 열등감, 분노 등을 표현하는 수단으로 성폭력을 행사하는 경우가 많습니다.

◆ 여성들의 야한 옷차림과 행동이 성폭력을 유발한다.

성폭력은 노출이 심한 여름철에만 일어나지 않습니다. 여성의 옷차림이나 잘못된 언행으로 책임을 돌리는 것은 사회의 잘못된 풍조입니다.

◆ 끝까지 저항하면 강간은 불가능하다.

강간범은 폭력이나 흉기를 사용하기 때문에 저항하기 힘들고 피해자는 극도의 공포와 수치심으로 무력해지기 쉽습니다. 일부라도 여성의 책임으로 돌리고자 하는 것은 잘못된 관행입니다.

◆ 여자가 조심하는 것 말고는 성폭력을 방지할 방법이 없다.

사회적 통념에 대한 토론으로 남녀 학생 모두 일반적인 성폭력에 대한 실태도 알고 예방할 힘도 키울 수 있습니다. 피해자 입장에서 생각해 보는 것은 사회 통념을 바꿀 좋은 기회가 됩니다.

데이트 성폭행에 대해 알아야 할 것들

그런가 하면 이성 간의 데이트가 성폭행으로 발전하는 경우가 적지 않아 데이트를 하는 남녀 학생에게 다음의 수칙을 이야기하고 토론해 보는 것도 필요합니다.

데이트할 때 염두에 둘 것

- ✦ 성 가치관과 행동 범위의 기준을 가집니다.
- ✦ 상대방에게 성적 행동을 강요하지 않습니다.
- ✦ 좋고 싫음의 의사 표시를 분명히 합니다.
- ✦ 불쾌한 성적 접촉을 해 올 경우 거부 의사를 확실히 밝힙니다.
- ✦ 상대의 거부 의사를 액면 그대로 받아들입니다.
- ✦ 상대의 침묵을 동의로 받아들이지 않습니다.
- ✦ 노래방, 비디오방처럼 폐쇄된 공간에 둘이 있을 경우 상대가 자기와 생각이 다를 수 있음을 압니다.
- ✦ 어떤 이유이든 숙박업소에 함께 가지 않습니다.

그 외에도 성폭력 대처 방안을 의논해 보면 좋은데 버스나 지하철에서 성기를 밀착해 오는 경우, 강간을 시도하려는 치한을 만났을 때, 이상한 전화를 받았을 때 등, 다양한 상황에서 어떻게 대처할지 의논해 봅니다. 이렇게 미리 이야기해 보면 실제 상황에서 큰소리로 주위의 도움을 청하는 등의 적극적인 대처를 할 수 있게 됩니다.

모두가 알아야 할 성폭력 피해 대처법

만약 불행하게 성폭력 피해를 입게 되었을 경우 후속 조치는 다음과 같습니다.

- ✦ 빨리 안전한 장소로 피합니다.
- ✦ 부모나 믿을 만한 사람에게 연락합니다.
- ✦ 몸을 씻지 않은 채로 빨리 병원에 갑니다. 가기 전에 손을 씻거나 이를 닦지 않고 화장실에 가거나 옷을 갈아입지 않습니다. 성교 18시간 이내에 질 안에서 정충이 발견될 확률은 100%인데 반해 72시간이 지나면 50% 미만으로 떨어집니다. 증거물이 될 만한 것은 없애지 않습니다.

◆ 가능한 의학적, 심리적, 법률적 조치를 모두 취합니다.

성폭력 피해는 매우 광범위하고 심각하며 후유증이 오래갑니다. 외상, 성병 등의 신체적 후유증뿐 아니라 사람에 대한 불신감, 순결상실감, 불면증, 우울증, 신경쇠약, 정신 분열 등에 시달리게 됩니다. 때로는 원치 않는 임신으로 심각한 상황에 직면하기도 합니다. 일반적으로 성폭력 피해자는 3단계의 심리적 변화를 거친다고 합니다.

1단계는 정신적 쇼크 단계라고 하는데, '정말로 자신에게 일어난 일인가?' 하며 믿을 수 없는 현실에 대한 경악으로 극심한 혼란에 빠지게 됩니다. 이런 증상이 보통 수주에서 수개월 계속됩니다. 2단계는 적응 단계라고 하는데, 겉으로 보면 심한 불안 상태는 가라앉은 것처럼 보입니다. 자신의 혼돈 상태를 부정하고 억압하는 심리 기제에 의해 일단은 모든 것이 정상적으로 돌아온 것처럼 보입니다. 3단계는 재조직화 단계라고 하는데, 개인의 성 의식 양상과 심리적 상태, 또 주위의 지지 정도에 따라 심리적 극복 상태가 다릅니다.•

중·고등학교 학생인 청소년이 피해자가 되었을 경우 등교 거

• 교육인적자원부, 성희롱·성폭력 예방교육 프로그램, 2001

부와 무단결석으로 이어지는 등, 학교에 다닐 수 없는 상태가 되기 쉬워 문제는 더욱 심각해집니다. 가출을 시도하게 되고 가족 또는 친구와의 인간관계가 파괴되고, 행동이 제약되고 사고가 위축됩니다. 이들은 수치심과 죄책감, 적개심, 복수심 등으로 다른 사회 문제를 야기할 수도 있습니다. 성폭력 전문 상담 기관의 도움과 심리치료를 받는 것이 좋지만 무엇보다도 주위 사람들이 그들을 왜곡된 시선으로 보지 않아야 합니다. 피해자인 그들에게 주위 사람들이 또다시 상처를 주어서는 안 됩니다. 그들을 따뜻하게 감싸 안아서, 학업을 포기하지 않도록 하고, 앞으로의 인생에 걸림돌이 되는 일이 없도록 해야 합니다. 그러기 위해서는 심리적으로 고군분투하는 피해자를 진심으로 이해하고 사랑하는 친구와 가족이 옆에서 지지해 주어야 합니다.

tip

'존 스쿨' 성범죄 방지 프로그램

성폭력 초범 남성에 대한 재범 방지 교육입니다. 성폭력자 전체를 대상으로 하는 것은 아니지만 성범죄자들을 교육해 재범 방지를 시도한다니 늦었지만 다행이라는 생각이 듭니다. 범죄자이지만 그들 역시 우리 이웃이며 도움이 필요한 사람들이라는 시각에서 다양한 구제책이 제시되어야 하겠습니다.

청소년기 디지털 성폭력 예방을 위하여

청소년기 디지털 성폭력을 다루면서 청소년의 경우만을 따로 떼어 다루기 어려워 아동·청소년을 묶어 '청소년기 디지털 성폭력 예방을 위하여'에서 다루지 못한 심화된 내용을 다루려고 합니다.

여성가족부의 보도자료*에 의하면 아동·청소년 대상 성범죄 현황을 볼 때, 2020년 유죄가 확정된 성범죄자 수는 2,607명으로 전년 대비 5.3% 감소하고, 피해 아동·청소년은 3,397명으로 전년

* 〈2020년 아동·청소년 대상 성범죄 발생추세 및 동향분석결과〉, 여성가족부, 2022

대비 6.2% 감소하였으나, 아동·청소년 성 착취물 제작 등의 디지털 성범죄자는 전년 대비 61.9% 증가하였고 디지털 성피해자 역시 79.6% 증가하여 그 증가 속도가 실로 놀라울 정도라고 합니다.

현황 파악을 위해 상담 자료를 통해 그 개략적인 내용을 살펴보면 다음과 같습니다. 서울시가 '디지털 성폭력 가해자 상담사업'으로 초·중학생 대상의 상담(2019~2020년)을 분석한 결과, 가해청소년 총 91명 가운데 남성이 87명, 여성이 4명이며, 이들의 연령은 13~16세가 57%로 가장 많았습니다. 가해행위 유형은 '불법촬영물 게시·공유 등 통신매체 이용'이 42.9%, '불법촬영 등 카메라 이용촬영'이 18.7%, '불법촬영물 소지' '허위영상물 반포' '촬영물 등을 이용한 협박·강요' 순이며, 그들의 가해 동기는 '큰일이라고 생각하지 못함' '호기심' '재미나 장난' '충동' '남들 따라서' '연애하고 싶어서' '음란성 문자 공유' '음란물을 따라 해 보고 싶어서'의 순이었습니다. 이러한 결과는 아동·청소년들에게 디지털 성범죄는 '범죄'가 아니고 놀이 문화로 인식하는 경향이 강하며, 디지털 성범죄 가해 청소년의 96%가 범죄로 생각하지 못했다•고 합니다.

• 〈청소년 디지털 성범죄의 실태와 예방방안〉, 배상균, 외법논집, 제45권 4호, 2021

피해 실태를 파악하기 위해 사례를 몇 가지 살펴보겠습니다.*

사례 1

마블 게임에서 카카오톡 계정과 연동했을 때 자신의 프로필 사진에 대해 대놓고 못생겼다는 외모 비하 톡을 수차례 받은 경험이 있으며, 이 일이 공개 채팅방에서 일어났다는 점에서 상처를 받았다. 가해자는 외모 비하 발언 후 채팅방을 나갔다. 피해자는 당시 해당 문제에 대해 신고를 하지 못했다. 가해자가 채팅방을 나갔기 때문에 증거를 수집할 수 없었고 문제 제기하는 방법도 몰랐기 때문이다.

교실에서 남자애들이 여기저기 모여서 아무렇지도 않게 '얘가 우리 학교에서 제일 예쁘다' '얘가 1등, 얘가 2등, 얘가 3등이다' '아니야 얘는 몸매가 진짜 좋아' 등의 말을 하며 일반적인 친구들이 상품화되고 성적 대상화되어 품평되는 문화가 있으며, 디지털 공간에 공유된 여성의 이미지를 그 의도를 벗어나 성적 대상화하여 평가하는 남성들이 있다.

---

* 사례1, 2, 3,은 〈청소년의 디지털 성폭력 피해경험에 대한 내러티브 탐구〉, 이혜정·김수아·박진아, 한국여성학 제38권 3호, 2022, 참고. 사례4는 초등6학년의 충격적인 '성희롱메시지'··· 교사들 '속앓이', 〈동아일보〉, 2021년 10월 11일 참고.

사례 2

페미니스트 계정을 타깃으로 성기 이미지를 전송받거나 몸무게나 몸매에 대해 언급하는 등 성적 모욕을 받은 경험이 있다. 여성 페미니스트에 대한 입막음 행위로 보인다. 섹슈얼리티에 대한 건강한 정보를 얻고 성 착취에 단호히 대응하기 위하여 역량 강화가 필요하다.

사례 3

성소수자로 정체화되고 있는 피해자는 중학교 시절 오픈 채팅방에서 만난 사람이 일대일 대화를 요청하고 그 이후 친밀감을 형성하여 대화에 참여하면서 개인 정보를 취득한 가해자로부터 성적 요구와 협박을 받는 경험을 하게 되었다. 그 뒤에 폰섹스를 요구하고, (중략) 성기 사진을 요구하고, (중략) 완곡하게 거절했지만 계속해서 요구했다.

피해자는 구토나 식욕 저하 등의 신체 증상을 경험하고 있으나 자신이 피해자임을 인지하기 어려웠다고 한다. 성소수자라는 취약한 정체성 때문에 자신의 경험을 공유할 수 없었고 이 때문에 자신의 경험이 어떤 것인지 의미화하기 어려웠다.

이는 전형적인 온라인 그루밍 방식이다. 가해자는 오픈 채팅방 설정상 오류라면서 개인 정보를 취득하고, 자신 역시 바이섹슈

얼이기 때문에 성소수자로 공통 경험을 말하며 접근했다. 개인적인 대화를 유도하여 피해자의 일상과 주변에 대한 정보를 취득했으며, 자신의 성적 이미지를 전송하고 피해자에게 신상 공개를 위협 도구로 삼아 성적 이미지를 요구하는 방식이었다.

사례 4

초등학교 교사만 가입할 수 있는 비공개 온라인 커뮤니티에 학생으로부터 성희롱 피해를 입었다는 교사의 사연이 전해졌다.

이곳에 인용하기도 불편할 정도로 심한 성희롱 문자메시지인데, 게시글을 접한 교사들은 "강도가 다를 뿐 꽤 흔하게 접하는 일"이라며 "평소 교사에게 욕설을 하거나 성관계를 했냐고 묻는 학생들이 많다"고 했다. 전국교직원노동조합이 실시한 설문조사 결과 최근 3년간 성희롱·성폭력 피해 경험이 있다고 답한 여교사가 41.3%, 남교사의 비율은 21.3%였다. 특히 응답자 중 20~30대 여교사의 66%가 피해 경험이 있다고 했다. 피해 경험 교사의 59.7%가 특별한 조치를 취하지 않았다. 그 이유는 '문제를 제기해도 해결될 것 같지 않아서'란 응답이 가장 많았다. '교사니까 참아야 한다'는 주변의 시선도 피해 교사의 신고를 저지한다. 교사는 피해자이면서 동시에 학생을 지도해야 하므로 학생을 이해해야 한다는 것이다. '상대가 만 14세 전후 미성년자의 경우 부모를 상대로 고소해야 하고 부모가 학생 관리를 잘못했다는 것을 교사가 입증해야 하기 때문에 피해 교사의 부담이 크다'고 한다.

위의 사례에서 보듯이 디지털 이미지를 이용하여 여성을 성적 대상화하고, 온라인의 특성상 불특정 다수에게 빠르게 전파되고 영구 삭제가 어려운 점이 피해자를 고통스럽게 합니다. 또한 미성년이라는 특성이 그들을 그루밍 피해자로 만들기 쉽다는 점을 알 수 있습니다. 더불어 기존의 성폭력 사건은 보호자에게 노출되는 경우가 대다수인 것에 비해 디지털성폭력 피해의 경우는 피해자인 아동·청소년들이 자신이 비난받을 것이라는 두려움과 동시에 피해를 숨기는 경우가 많습니다. 상담 지원을 받을 때에도 보호자에게 알리지 않고 지원을 받고자 하며, 보호자에게 피해 사실을 알리는 것을 가해자들이 협박 수단으로 삼을 만큼 보호자에게 알리는 것을 민감한 사안으로 받아들이고 있습니다.•

사례 4에서 보듯이 아동·청소년들이 교사를 향한 가해자가 되는 경우도 적지 않은 것 같습니다. 제자에게 성적 모욕을 당하는 현

• 〈아동·청소년 성폭력 피해상담분석: 디지털 성폭력 해당 구분〉, 김정현·이현숙·김유진·강선혜·석희진·정희진. 한국범죄심리연구, 제18권 2호, 2022

장에서 교육이 제대로 이루어지기는 어려운 일이지요. 피해교사 역시 보호받아야 하는 만큼 문제를 제기할 수 있는 환경이 마련되고 보호 정책 또한 마련되어야 하는 등 현장의 문제는 다각도로 접근되어야 하는 심각한 문제임을 알 수 있습니다.

그런데 앞에서 살펴보았듯이 디지털 성폭력의 가해 청소년들의 대부분은 범죄로 생각하지 못하였다고 합니다. 이것은 디지털 네이티브 세대에게 디지털 교육이 이루어지지 않았음을 드러내는 것으로 교육을 제대로 시키지 못한 가정과 사회의 책임이 크다고 하겠습니다.

이에 대비하여 정부 관계 부처에서도 2020년 4월 〈디지털 성범죄 근절대책〉이 수립되었고, 5월에는 형법 제305조(미성년자에 대한 간음, 추행)의 피해자 연령이 13세 미만에서 16세 미만으로 상향되었습니다. 이는 16세 미만 아동·청소년의 성적자기결정권이 미약하여 법적보호가 필요함을 의미합니다. 16세 미만 아동·청소년의 성적자기결정권은 아동·청소년이 그 권리를 제대로 인식할 수 있는 적절한 연령에 도달할 때까지 보호받아야 하며 이와 함께 자신에게 주어진 권리를 인식하고 행사할 수 있도록 지속적인 교육이 이루어져야 한다고 보는 것입니다.

그러기 위해서는 가정에서도 미디어 리터러시 교육을 시킬 수 있어야 하겠습니다. 미디어 리터러시media literacy 교육이라고 할 때 부모들은 접근하기 어렵다고 생각할 수 있습니다. 리터러시literacy 라는 용어가 '문해력'을 의미하듯 미디어에 대한 이해력을 갖게 한다는 뜻이며 자녀와 대화가 오가는 가정에서는 일상에서 많이 이루어지고 있는 교육 방법 가운데 하나입니다. 단지 광고, 영화, 드라마, 뮤직비디오 등 미디어에 나오는 내용을 성을 주제로 좀 더 의도적으로 접근하여 성 관련 메시지에 대해 서로 토론해 봄으로써 자녀 스스로 비판적 사고능력을 갖게 하여 성인지감수성을 높이고 성적자기결정권을 행사할 수 있도록 교육하자는 것입니다.

미디어 메시지를 수용하는 두 가지 경로인 논리기반사고와 감정기반사고로 나누어 이야기해 볼 것을 제안합니다. 예를 들면 논리기반사고는 사실성(메세지는 현실을 얼마나 반영하고 있나?), 유사성(메시지는 우리의 모습과 얼마나 유사한가?), 사회적 규범(메세지 속 행동은 일반적 청소년의 행동인가?)을 다루고 감정기반사고는 매력성(메시지 속 등장인물은 나에게 얼마나 매력적인가?)에 대해 토론해 보는 것입니다. 그렇게 함으로써 랜덤채팅 앱 속 상대방은 실제 모습을 그대로 노출하지 않는 경우가 많으며, 랜덤채팅을 통해 이성 교제를 하거나 새로운 사람을 사귀는 것은 상대방의 실체적 모습을 잘 알지 못하고 사귀는 것이므로 바람직한 일이 아님을 바로 알고, 랜덤채팅을 통해 나의 개인 정보가 담긴 사진을 보내 주는 것은 매우 위험한 일이므로 모방해서는 안 된다는 것을 알게 됩니다. 그 결과 부정확하고 왜곡된 미디어 메시지와 자신을 동일시하는 정도가 낮아져야 하며, 미디어 속 행동에 대한 기대도 낮아져서 올바른 행동을 선택할 수 있는 역량을 기르고자 하는 것입니다.•

청소년기 성에 대한 호기심은 자연스러운 일일뿐더러 이들의 발달 과업인 자아 정체감 형성과 밀접하게 연관되어 있습니다. 남녀가 인격체로서 자신의 성별에 따른 역할과 의무, 자유와 권리에 대해 바로 알고 급격한 신체 변화 속에서 자신의 신체를 긍정적으로 수용하고 성적 충동을 잘 조절해 자아 중심성을 극복하고, 자신의 성을 사회적 관계로 승화시켜 사회 정서적으로 성숙해야 하는 발달 과업을 안고 있습니다. 이들이 성적 주체로 당당하게 살아갈 수 있는 사회 구성원이 되기 위해서는 사실상 부모를 포함한 기성세대의 성인지가 얼마나 건강한지도 생각해 볼 필요가 있습니다. 실질적인 성교육은 성인지의 변화를 넘어 사회적으로 건전한 성문화의 변화로 이어져야 할 것이기 때문입니다.

• 한윤지 앞의 논문 참고

성폭력·디지털 성폭력 지원단체

✦ 신고

사이버경찰청 112

방송통신심의위원회 1377

여성긴급전화(24시) 1366

✦ 상담 및 지원

디지털성범죄피해자지원센터 02-735-8994

한국성폭력상담소 02-338-5801

한국사이버성폭력대응센터 02-817-7959

한국여성민우회 02-335-1858

한국여성의전화 02-2263-6465

경찰청성범죄상담 챗봇

중학생의 자위와 음란 사이트 시청

“심해지지만 않도록 주의해 주세요”

Q

중학교 1학년생 아들이 인터넷 음란 사이트를 보고 있는 것에 놀란 엄마가 아이를 추궁하니 아이는 어쩌다가 접속이 되었는데 지우려고 해도 지워지지 않고 빠져나갈 수도 없어 정말 난감했다고 했습니다. 그럴 수도 있겠다고 생각한 엄마는 컴퓨터 전문가를 불러 정크메일 및 유해 사이트 차단 프로그램을 설치했다고 합니다. 그 이후에도 아이가 컴퓨터에 몰두하는 것을 보고 오락 프로그램에 빠져 있다고 생각해서 컴퓨터 사용 시간

을 제한했다고 합니다. 그러던 어느 날 아들이 음란 사이트를 보면서 자위행위 하는 것을 알게 된 엄마가 충격을 받고는 상담을 하게 되었습니다.

A

이 사례는 흔히 일어날 수 있는 경우이며 아이가 신체적으로 건강하다는 증거로 받아들일 수 있습니다. 많은 엄마들이 남성의 성 행동 발달에 대해 잘 모르고, 중학생 자녀를 아직 어린 아동으로 보기 때문에 그들의 자위행위에 놀라는 것입니다. 요즈음 아이들은 육체적 성숙이 빠르고 성적으로 자극적인 환경에서 자라기 때문에 자위 연령이 어려질 수밖에 없습니다. 아이가 음란하고 불건전한 곳에 물들어 큰일이라는 생각을 버리고 이해하고 돕는 방법을 찾는 것이 필요합니다.
가능하면 모른 척하여 아이가 민망해하거나 죄책감을 갖지 않도록 배려하고 아이의 일상생활에 대해 다시 한번 점검해 보도록 권합니다.

아이가 스트레스를 풀 수 있도록 일주일에 한 번만이라도 운동을 한다든지 취미 활동을 즐기게 하는 것이 필요합니다. 본격적인 사춘기에 들어가는 이 시기에 이성에 대해 관심을 갖는 것은 자연스러운 일이지요. 교회나 사찰 또는 사회단체에서 좋은 일을 하면서 자연스럽게 이성과 어울리는 것은 아이 성장에 유익할 것입니다. 부모의 허락 아래 이성 교제를 할 수 있도록 주선해 주는 것도 좋은 방법입니다. 때때로 우리 주위에 보이는 음란물의 내용에 대해 터놓고 가족 간에 토론을 하는 디지털 리터러시 교육의 장을 마련하여 아이의 성인지감수성을 높일 수 있는 기회로 활용할 수도 있습니다. 토론의 장에는 엄마, 아빠가 함께 참여하는 것이 좋으며 아들의 경우 이를 계기로 아빠와 아들이 서로 돈독한 관계가 된다면 더욱 좋겠습니다. 정도의 차이이지 남자 중학생들은 모두 다 음란물을 대하고 자위행위를 한다고 봐도 좋습니다. 그 정도가 지나쳐 스스로 허탈감에 빠지고 다른 일에 몰두할 수 없는 상황이 되지 않도록만 신경 써 주세요.

가족 사이에 성에 대해 솔직하게 대화하는 것은 생각처럼 쉽지 않습니다. 갑작스런 이성 교제 제안은 꺼내 보기도 어려운 이야기입니다. 이 사례의 엄마는 가급적 하교 시간에 집에 있으면서 돌아오는 대로 간식을 주며 대화를 유도하는 등 관심을 갖겠다고 했습니다. 아빠도 아들과 더 많은 시간을 함께 보내며 대화의 빈도를 높이기로 했습니다.

고등학생의 임신

"남의 눈보다는 아이의 인생을 우선적으로 생각하세요"

Q

고등학생들은 대부분 본인이 직접 이메일이나 전화로 상담을 신청합니다. 이들의 상담은 주로 임신과 관련된 내용들이 많습니다. 대표적인 것이 "남친과 성관계를 가졌는데…… 생리할 때가 되었는데 아직 안 해요. 겁나서 죽겠어요. 생리 주기 피임법에 맞춘다고 맞추었는데…… 너무 불안해요. 어떡하면 좋아요" 같은 내용들입니다. 또 "여친이 임신을 했어요. 같이 많이 울었고 많이 후회했어요. 같이 죽을 수도 없고……." 임신중절 수술

하려면…… 돈은 어떻게든 마련할 수 있는데 미성년자라서…… 도와주세요" 같은 내용도 있습니다.

A

미성년자들의 경우 임신 자체도 감당하기 어려운데 어른들의 몰이해와 경제적 부담까지 겹치면 몹시 힘들 수밖에 없습니다. 임신이 인생의 결정적 실책이 되어 좌절하고 고통스러워하는 이들을 도와줄 방법이 많지 않아 답답한 사례가 많습니다.

드물게 부모가 자녀의 임신 문제로 상담을 하기도 하는데 이런 경우는 대부분 임신 초기를 넘어서서 중절 수술을 할 수 없는 상황이 많습니다. 여고생 딸이 임신하였다는 사실을 알게 된 부모는 대부분 남부끄러워하며 자녀를 잘못 키웠다는 죄책감과 자식에 대한 배반감으로 분노를 많이 느낍니다. 남학생 부모의 상담이 거의 없는 것은 아직도 임신을 여자의 문제라고 보는 의식의 반영일 것입니다. 어떤 상황에서의 임신인지, 또 부모가 어디까지 도움을 줄 수 있을지에 따라 다르지만, 기본적으로 자녀의 입장을 이해하고 어린 생명을 존중하는 것이 우선입니다. 걱정이 많이 되시겠지만 달리 생각해 보면 딸이 임신한 것은 여성으로서 건강하다는 증거이기도 합니다. 지금 고등학생이라 대학 진학이 어려울 수 있고 아이 출산 후에도 양육 등의 문제가 아주 많지만, 육체적으로 보면 충분히 임신할 수 있고 아이를 잘 키우는 좋은 어머니가 될 수도 있습니다. 사실 생각해 보면 우리 사회의 많은 이들이 대학에 가고 대학 졸업 후 결혼해서 그렇지 아이 개인으로 보면 결코 임신이 비정상적인 일이라고만은 할 수 없습니다. 어머니의 할머니가 결혼하셨을 때 나이를 생각하면 크게 문제 될 것 없습니다. 아이 아빠인 남자 친구가 아직 가족 부양 능력이 없고 자립할 여건이 되지 않지만, 두 젊은이가 서로 사랑하고 장래 동반자가 될 사이라면 어른들이 이들의 입장을 이해하고 도와주는 것이 필요합니다. 지금의 문제 상황을 주위에서 도와주고 성숙하게 잘 넘긴다면 10년, 20년 뒤엔 지금의 고민이 추억거리가 될 수도 있을 것입니다. 부모가 감당해야 할 부분도 많고 자식에 대한 기대가 꺾여 많이 힘드시겠지만, 젊은이들의 인생 성숙의 기회로 삼도록 요청합니다.

고등학생인 청소년들의 경우도 자신의 인생이니만큼 그들의 의사를 충분히 존중해 주어야 합니다. 지금은 힘들어도 두 사람이 행복한 가정을 꾸릴 수 있는 인성과 의지가 있다면 그들을 도와주어야 합니다. 그들을 이해하는 입장에서 함께 의논하여 도울 수 있는 방법을 찾아 주세요.

7

성과
사랑에
대하여

자녀가 건전한 이성 관계를 갖기 바란다면, 아들에게는 그의 여자 친구를 엄마나 여동생처럼 보호하고 보살펴 줄 수 있도록 가르칩니다. 그래서 여성의 상황을 배려하고 성관계에는 책임이 따르며 '서로가 원할 때가 아니면 안 된다'는 것을 진심으로 받아들여 행동할 수 있는 성숙한 남성이 될 수 있도록 가르쳐야 합니다.

또 딸에게는 수동적인 자세보다는 자기 인생을 책임질 수 있는 가치관을 가르쳐야 합니다. 열정이 아닌 이성으로 '서로가 진정으로 사랑하는가?'를 진지하게 생각해 보고 스스로의 힘으로 판단하고 행동할 수 있도록 가르치고 이끌어 주어야 합니다.

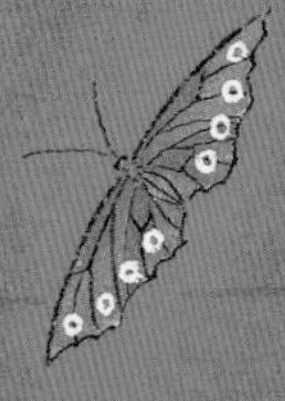

사랑의 종류와 가치

모든 생명체는 자기 보존 욕구와 종족 보존 욕구를 지닙니다. 자기 보존 욕구는 식욕이나 소유욕 등이며, 이 가운데 가장 근원적인 것은 아무래도 식욕입니다. 또 종족 보존 욕구는 이성 간의 사랑에 대한 욕구와 자녀에 대한 사랑의 욕구를 들 수 있습니다. 이러한 자기 보존 욕구와 종족 보존 욕구의 본능적 사랑은 인간만이 가지고 있는 것은 아닙니다. '고슴도치도 제 새끼는 예뻐한다'는 말이 이 종족 보존 욕구의 보편성을 잘 표현하고 있습니다. 이러한 본능적 욕구는 생식 기관과 호르몬 작용에 큰 영향을 받습니다. 그래서 대부분 동물들은 생식 기관을 제거당하면 이성에게 흥미나 관심을 표현하지 않게 됩니다. 그러니까 성욕 자체가 일어나지 않습니다.

그러나 인간은 남성의 고환이나 여성의 난소를 제거해도 얼마든지 이성에게 성욕도 느끼고 애정 표현도 할 수 있습니다. 동물은 완전히 본능에 예속되어 성선이나 호르몬에 불가항력적이고 그 압력에서 벗어날 수 없는 데 반해, 인간은 본능적 압력을 받지만 반드시 그 노예가 되지는 않습니다.

이 책 1장에서 살펴보았듯이 인간의 경우는 인류가 원래 가지고 있던 원초적인 뇌에 새롭게 신피질계가 발달함으로써 이곳에서도 사랑을 관장하고 있습니다. 대뇌신피질계에서는 지성적인 행동을 관장하기 때문에 인간의 사랑은 의지와 관계를 맺게 되고 그 사람의 의지와 본능 사이의 어딘가에 그 사람의 윤리가 자리를 잡게 됩니다. 따라서 사람에 따라 다양한 형태의 사랑을 하게 되는 것입니다.

너의 사랑과 나의 사랑은 다를 수 있다

학계에서는 다음의 여섯 가지 사랑의 분류법•이 대표적으로 통용되고 있습니다.

열정적인 사랑eros은 첫눈에 반하거나 연인의 신체적인 매력에 끌리면서 사랑이 시작되는 유형입니다. 열정적인 사랑을 하는 연인들은 자기를 빨리 개방하고 쉽게 감정적으로 동화하고 신체 접촉도 빠릅니다. 이들은 어린 시절이 행복했었다고 생각하고(객관적인 사실은 중요치 않고, 그렇다고 생각하는 자신의 태도가 중요합니다), 사랑을 위해서라면 어떠한 희생이라도 할 준비가 되어 있습니다.

유희적인 사랑ludus은 여러 명의 애인을 두고 그 가운데서 사랑의 관계를 즐기는 유형입니다. 이들은 사랑하는 사람이 갖는 즐거움 가운데 하나는 자신이 원하는 것을 애인으로부터 얻어 내는 자신의 기술을 시험하는 것이라고 생각합니다. 이들은 사랑의 감정이 깊지 않고 쉽게 애인을 바꿉니다. 그들의 대부분은 평범하게 어린 시절을 보냈지만, 어른이 되어서 종종 좌절을 경험한 사람들일 가능성이 많습니다.

동료적인 사랑storge은 처음에는 형제자매나 놀이 친구 같은 관계에서 시간이 흐르면서 서서히 무르익는 사랑의 감정을 뜻하는 고대 그리스어 스토르게이storgay에서 비롯된 사랑의 유형입니다. 서서히 이루어지는 자기 개방으로부터 생기는 편안한 친밀감을 서로에게 느끼는 관계로서 가장 훌륭한 사랑은 오랜 우정에서 생긴

• Hendrick, C. & Hendrick, S., LAS: Love Attitude Scale

다는 믿음이 바탕이 됩니다. 이 동료애 유형에 속하는 사람은 보통 대가족이나 서로 격려해 주는 분위기의 가족 문화 속에서 자랐거나, 안정적이고 우호적인 공동체 안에서 성장한 경우가 많습니다.

논리적인 사랑pragma은 그리스어 '프래그머틱pragmatic'에 어원을 둔 사랑입니다. 논리적인 사랑을 하는 사람들은 날마다 쇼핑 목록을 작성하듯 상대에게 원하는 실용적인 자질의 목록을 다소 의식적으로 작성합니다. 그래서 자신에게 가장 잘 어울리는 배우자를 구하고 두 사람의 관계가 잘 어울리는가에 가장 큰 관심이 있습니다. 어울리는 상대를 구하는 데 논리적이고 사려 깊으며 흥분보다는 만족을 추구합니다. 이들이 애인의 필요를 충족시키고 만족시키고자 하는 이유는 자신도 애인에게서 그만큼의 관심을 받기 위해서입니다. 논리적인 사랑을 하는 사람들은 무엇이든 자신이 노력한다면 원하는 것을 얻을 수 있고 이룰 수 있다고 생각하는 사람들입니다.

소유적인 사랑mania을 하는 사람들은 질투와 소유욕이 강하고 애인에 대한 사랑에 사로잡혀 있고 애인에게 의존적입니다. 사랑의 기쁨에서 슬픔으로 변하는 감정의 기복이 심하고 항상 사랑받고 있다는 것을 확인받으려고 합니다. 이들은 자신과 연인에 대해 자신감이 부족하고, 자신의 어린 시절을 불행했다고 회상합니다. 성인이 되어서도 외로워하며 자신의 일에 쉽게 만족하지 않습니다.

극도의 질투심을 보이고 상대방에게 더 많은 애정을 요구하는 유형의 사랑입니다.

이타적인 사랑agape은 무조건적으로 배려하고 제공하는 타인 중심적인 사고방식으로 '나'를 내어 주는 것이 사랑이라고 생각합니다. 아무런 조건 없이 상대에게 사랑을 주어야 한다고 생각합니다.

부모와의 관계가 사랑의 방식에 미치는 영향

이렇듯 다양한 형태의 사랑 가운데 사람들은 자기 윤리나 가치관에 맞는 사랑을 하게 됩니다. 성인이 되어 이성과 나누는 사랑 유형이 어릴 때 양육자와의 애착 유형•과 관계가 깊다는 연구가 나와 흥미롭습니다.

대학생을 대상으로 한 연구••에서 어릴 때 부모와의 애착 관계가 회피 유형이었던 사람은 유희적인 사랑의 형태가 높은 분포를 보였고, 열정적인 사랑과 이타적인 사랑의 유형이 낮은 분포를

• 애착attachment은 유아가 자신을 돌보는 사람(대부분 어머니)과 강한 정서적 유대를 맺게 되는 것을 말한다. 그 관계의 질에 따라 안정애착, 회피애착, 저항애착, 불안애착으로 구분한다 (《아동발달의 이해》, 정옥분, 학지사, 2002)

•• 〈대학생의 애착·사랑 유형에 따른 성 행동〉, 김향숙, 동국대학교 박사 논문, 2001

보였습니다. 그러니까 어릴 때 양육자와 회피 애착 유형을 형성하면, 자라면서 대인관계에서 타인을 완전히 신뢰하지 못하고 그들에게 의지하는 것이 어려우며, 타인과 가까워지면 불편함을 느끼는 성인으로 자라기 쉽습니다. 또 이성 관계에서는 유희적인 사랑을 하기가 쉽고, 열정적이거나 이타적인 사랑을 하기는 어렵다는 의미로 해석해 볼 수 있습니다.

그런가 하면 부모와 안정 애착 유형을 가졌던 사람은, 성인이 되었을 때 열정적이거나 이타적인 사랑을 하는 비율이 높았고, 유희적인 사랑을 하는 비율은 낮게 나타났습니다. 이는 어릴 때 양육자와 안정된 애착 관계를 형성하면, 타인과 비교적 쉽게 사귈 수 있고 타인에게 의지하거나 타인이 자신에게 의지할 때에 편안함을 느끼게 됨을 의미합니다. 그리고 타인으로부터 버림받거나 타인과 가까워지는 것을 걱정하지 않는 인성으로 자라게 되어, 이성과 사귈 때 열정적이고 이타적인 사랑을 하게 된다고 해석할 수 있습니다. 유희적 사랑은 좀처럼 하지 않는 것으로 해석할 수 있습니다.

이러한 연구 결과는 영·유아기 때 부모나 돌봐 주는 사람과 갖는 관계의 질이 성인이 되었을 때 애인과의 사랑 유형에 영향을 미친다는 것을 증명합니다. 그래서 요즈음은 이성과의 사랑을 '성인기 낭만적 애착'이라고 부르며 영·유아기의 애착과 비교하여 다루기도 합니다.

사랑이 변하는 이유

열정적인 사랑에 빠진 커플의 뇌 사진을 조사하여 사랑에 빠졌을 때 대뇌의 미상핵 부위•가 활성화되는 것을 과학적으로 밝혔습니다. 미상핵이 활성화되면 인간은 이성보다 본능에 충실하게 되어 다른 사람의 시선을 의식지 않고 애정 표현에 과감해집니다. 이때 흥분과 쾌감, 주의 집중을 일으키는 신경 전달 물질인 도파민 분비가 활발해집니다. 그러니까 사랑에 빠지면 도파민의 분비가 많아지는데 도파민은 사람을 행복하게 만들고 자주 미소 짓게 만듭니다. 애인의 단점은 보이지 않고 장점만 보입니다. 이것을 '핑크 렌즈 효과'라고 합니다.

만난 지 100일 정도 되는 연애 초기의 핑크 렌즈 시기를 지나 만나기 시작한 지 300일쯤이 되는 연인들의 경우, 겉으로 보기에 그들의 사랑은 변함없어 보일지라도 뇌 스캔 결과에는 현저한 차이가 있습니다. 뇌의 활성화가 본능의 중추 미상핵에서 이성적 판단을 담당하는 대뇌신피질 부위로 옮겨 간 것입니다. 6개월 전의 열정은 그 빛을 잃고 사랑에 상당히 이성적 측면을 갖게 되었다는

• 감성과학 다큐멘터리 '사랑', 〈생로병사의 비밀〉, KBS

것입니다.

상대에 대한 열정이 식고 동료 같은 친숙함이 생기는 것 역시 필요한 일로 봅니다. 왜냐하면 열정적 사랑의 상태는 너무나 강력하여 그 기간이 너무 길어지면 정상적인 일상생활을 하기가 힘들기 때문입니다. 아기가 생겨 몰두의 대상이 바뀌고 열정적 사랑이 이타적 사랑으로 바뀌는 것 역시 자연의 이치인지도 모릅니다. 어쨌든 사랑의 질은 시간이 지남에 따라 변하는 데 열정적 사랑을 느끼는 기간은 평균 18개월에서 30개월이라고 합니다. 그래서 흔히들 '열정적 사랑의 유효 기간은 900일'이라고 하나 봅니다.

열정이 급격히 약해지는 시기는 그보다 빠릅니다. 사귄 지 약 1년쯤 되는 때이며, 이 시기가 연인 사이에 가장 위험한 고비가 되기 쉽습니다. 이때 열정의 농도는 대략 50% 떨어지는데 그 열정의 빈자리를 동료적 사랑을 위시한 다른 사랑으로 채우지 못할 때 이 연인들은 사랑이 식었다며 이별을 선언하기도 합니다. 이런 사람들은 열정만이 사랑이라고 착각하는 것입니다. 열정이 있는 동안에 사랑을 동료애나 정으로 발전시키는 것은 두 사람의 역량에 달려 있습니다. 생명을 사랑하고 이성을 존중하는 건강한 정신의 소유자로 자라난 성인은 본능의 힘보다는 자유 의지로 사랑의 태도를 결정할 수 있기 때문입니다.

사랑은 무엇으로 이루어졌는가?

에리히 프롬이 그의 저서 《사랑의 기술》(에리히 프롬 지음, 문예출판사, 2019)에서 분석해 놓은 사랑의 네 가지 구성 요소를 자녀들에게 설명해 주면 이성에 대한 자신의 관심이 단순한 열정인지 진정한 사랑인지 구별하고, 사랑을 이해하는 데 많은 도움이 될 것입니다.

에리히 프롬에 의하면, 사랑의 첫 번째 요소는 보호입니다. 사랑이 '보호'를 포함하고 있다는 것은 어머니의 사랑에서 가장 명백해집니다. 어머니가 아기를 보호하고 돌보지 않는다면, 어머니가 아기에게 젖을 주지 않고 목욕도 시키지 않고 편안하게 돌봐 주지 않는다면, 어머니의 사랑에 대한 어떠한 보증도 우리를 감동시키지 못할 것입니다. 그러나 아기를 섬세하게 돌보는 어머니·아버지의 모습에서 우리는 굳이 말하지 않아도 사랑을 느끼고 깊은 인상을 받습니다. 사랑은 사랑하고 있는 자의 생명과 성장에 대한 적극적인 관심입니다. 상대를 위해 그 사람을 보호하고 노고를 아끼지 않는 것이 사랑의 본질입니다. 나와 나의 파트너가 상대를 위해 노고를 아끼지 않으며 서로를 보호하고 있는가 생각해 봐야 합니다.

사랑의 두 번째 요소는 책임입니다. '책임진다'는 것은 응답할 수 있고 응답할 준비가 되어 있음을 의미합니다. 이것은 자기 행동의 결과를 항상 상대와 연결시켜 생각하고 사랑하는 사람의 정신적인 요구에 대해 기꺼이 도와줄 수 있는 자세가 되어 있음을 의미합니다. '내가 나를 책임지듯 상대를 책임질 수 있는가' 생각해 볼 일입니다.

세 번째 요소는 존경입니다. 사랑의 요소에 존경이 빠진다면 책임은 손쉽게 지배와 소유로 타락할 것입니다.

상대가 내게 유용하게 이바지하기 때문이 아니라 자기 자신을 위해서 자기 나름의 방식으로 성장하고 발달하기를 바라는가, 내가 이용할 대상이 아니라 있는 그대로의 상대로서 사랑하고 있는가, 존경은 오직 자유를 바탕으로 성립될 수 있으니 사랑이라는 이름으로 그의 자유를 구속하고 있지는 않는가, 생각해 볼 일입니다.

사랑의 네 번째 요소는 지식입니다. 어떤 사람을 존경한다는 것은 그를 '알지' 못하고는 불가능합니다. 지식에 의해 인도되지 않는 보호와 책임은 맹목입니다. 관심에 의해 동기가 부여되지 않은 지식은 공허합니다. 사랑의 요소로서 지식은 상대에 대한 '바른 이해'의 의미가 큽니다. 예를 들면, 상대가 표면적으로 화를 냈다고 해도 그에게 관심을 갖고 그를 잘 알게 된다면 그의 분노나 노여움이 일어나는 근원을 알게 됩니다. 그가 비록 화를 내었다고 할지라도 그 분노가 불안과 근심과 죄책감에서 비롯되었음을 알기 때문에, 그를 화낸 사람이라기보다 괴로워하는 사람으로 이해하게 됩니다.

위의 네 가지 구성 요소인 보호(노동), 책임, 존경, 지식(이해)은 서로가 서로에게 의존하고 있습니다. 누군가를 사랑할 때 위의 네 가지 요소를 모두 갖춘 사랑을 할 수 있다면 그 사람은 내면적인 힘에 바탕을 둔 성숙한 사람이라고 할 수 있습니다. 우리가 누군가를 사랑할 때 나의 사랑에 이러한 요소가 있는지 점검해 볼 일입니다. 또 자녀가 누군가를 사귈 때도 이 네 가지 요소를 염두에 두고 행동하도록 한다면 상대에 대한 태도를 결정해야 할 순간에 많은 도움이 될 수 있을 것입니다.